产业共生的医疗废弃物回收网络稳定性研究

聂丽　著

中国经济出版社
CHINA ECONOMIC PUBLISHING HOUSE
·北京·

图书在版编目（CIP）数据

产业共生的医疗废弃物回收网络稳定性研究／聂丽著.
—北京：中国经济出版社，2018.12
ISBN 978－7－5136－5332－9

Ⅰ.①产… Ⅱ.①聂… Ⅲ.①医用废弃物—废物管理—研究 Ⅳ.①X799.5

中国版本图书馆 CIP 数据核字（2018）第 197644 号

责任编辑　严　莉
责任印制　马小宾
封面设计　任燕飞

出版发行　中国经济出版社
印刷者　北京建宏印刷有限公司
经销者　各地新华书店
开　本　710mm×1000mm　1/16
印　张　9.75
字　数　127 千字
版　次　2018 年 12 月第 1 版
印　次　2018 年 12 月第 1 次
定　价　58.00 元

广告经营许可证　京西工商广字第 8179 号

中国经济出版社 网址 www.economyph.com 社址 北京市西城区百万庄北街 3 号 邮编 100037
本版图书如存在印装质量问题，请与本社发行中心联系调换（联系电话：010－68330607）

前　言

随着我国经济快速发展,加上人口老龄化趋势加重,对医疗服务的需求越来越大,产生的医疗废弃物也急剧增多,如何避免药物滥用、废弃物暴露污染环境、危害健康已成为必须解决的问题。产业生态化目标符合我国社会发展的需要,国家"十三五"规划提出生态环境质量总体改善目标,加强有毒有害化学物质环境和健康风险评估能力建设,坚持绿色、可持续发展。而医疗废弃物携带病菌数量较大、种类较多,被国际上列为"顶级危险",因此如何建立安全、稳定、可持续发展的医疗废弃物回收网络,完善医疗废弃物监管机制,保障人体健康,维护生态安全,促进经济社会可持续发展成为亟待解决的问题。

为促进医疗废弃物回收处理产业生态化,实现资源高效、节约、集约利用,促进经济增长和生态协调发展,形成政府、企业、公众共治的环境治理体系,实现环境质量改善。围绕"产业共生"这一核心理论,以"减量化""再利用"和"无害化"为目标,采用社会网络分析法、Logistics 共生模型、Shapely 值法等方法,构建了医疗废弃物产业共生网络,从网络产业共生的影响因素出发,探讨影响网络的静态稳定性和动态演化稳定性的机理,并在此基础上提出建议。本书通过实证分析医疗废弃物产业共生网络的构建模式,探寻影响因素,丰富和深化了产业生态化理论;阐明了影响网络稳定性的机理,为我国环境保护制度的创新提供了依据,为政府推进医疗废弃物政策实施提供决策依据;最后提出对策,为促进和完善医疗废弃物管理制度提供建议。

全书共 7 章,第 1 章为研究背景、研究意见和国内外医疗废弃物管理的研究现状。第 2 章为医疗废弃物产业共生网络构建的理论基础,主要从网络的特征、结构和驱动力等方面进行探讨。第 3 章为医疗废弃物产业共生网络的影响因素,在问卷调研的基础上,采用社会网络分析的方法实证分析了产业共生网络的影响因素,及影响因素间关系。第 4 章为医疗废弃物产业共生网络稳定性的静态分析,主要从网络共生的角度通过 Logistics 共生演化模型和医疗废弃物产业链利益分配的 Shapely 值法两个层面进行分析。第 5 章和第 6 章为医疗废弃物产业共生网络稳定性动态演化博弈分析,构建了政府与医疗机构演化博弈模型和医疗废弃物产业链多主体演化模型,最后进行了模拟仿真。第 7 章在分析影响因素、稳定性机理的基础上,提出了医疗废弃物回收产业共生网络的实现路径及对策。

本书出版得到了国家科技支撑计划课题"村镇公共设施优化配置与运营管理关键技术研究"(2014BAL07B04)和河南省哲学社会科学规划课题"农村医疗废弃物产业共生回收网络的稳定性研究"(2016BJJ042)及河南省政府招标课题"绿色发展理念下河南省多元参与的环境治理体系稳定性研究"(2018B066)的资助,对此表示感谢;同时感谢博士后导师李孟刚教授和博士导师乔忠教授对本书的撰写提出了许多宝贵的指导意见。希望该书能赢得大家的共鸣,但囿于作者能力和时间有限,撰写过程中难免有纰漏,希望大家积极反馈。

目　录

第1章　引言

1.1　研究背景、意义与国内外发展动态

1.1.1　研究背景

药物滥用、医疗废弃物不当处理造成的危害巨大，中科院广州地球化学研究所 2015 年发布了中国抗生素环境浓度地图，结果显示我国抗生素的使用量已接近世界使用量的一半，指出抗生素的使用达到"滥用"和"惊人"状态；同年复旦大学公共卫生学院研究显示：江浙沪受检的 1000 名儿童中，至少有 58% 的儿童尿中检出一种抗生素，这些抗生素的重要暴露源是环境和食品。排放到环境中的抗生素对环境的污染是持续性的，由此导致整个微生物系统产生耐药性；暨南大学环境学院对珠三角蔬菜养殖基地采样发现：各种档次里面都检出了抗生素，甚至绿色蔬菜都含抗生素。长时间、持续性、多种类的抗生素对环境的污染，相当于慢性中毒，对人体生殖系统、内分泌构成危害，不只是抗生素还有儿童铅中毒等。随着我国经济快速发展，加上人口老龄化趋势加重，对医疗服务的需求越来越大，从 2005 年到 2015 年全国医疗卫生机构数从 882206 个增长到 983528 个，10 多年间增长超过了 11.49%，产生的医疗废弃物也急剧增多。如何避免药物滥用、废弃物暴露污染环境、危害健康已成为必须解决的问题。因此建立有效、安全的医疗废弃物回收网络，减少伤害和风险变得尤为重要。

产业生态化目标符合我国社会发展的需要，国家"十三五"规划提出生态环境质量总体改善目标，要求主要污染物排放总量大幅减少，加强有毒有害化学物质环境和健康风险评估能力建设，坚持绿色发展、可持续发展。而医疗废弃物（Medical Waste）具有直接或间接感染性、毒性和危害性等特点。它们携带病菌数量较大、种类较多，被国际上列为"顶级危险"，被我国在《危险垃圾名录》中列为1号危险垃圾，我国先后在2003年和2006年出台了《医疗废弃物管理条例》和《医院感染管理办法》对医疗废物的收集、运送、贮存、处置、监督管理等做了规定。因此如何建立安全、可持续发展的医疗废弃物回收网络，完善医疗废弃物监管体制机制，保障人体健康，维护生态安全，促进经济社会可持续发展显得尤为重要。

1.1.2 研究意义

医疗废弃物回收处理系统的产业生态化（Industry Ecology）指医疗废弃物回收处理系统以"减量化""再利用"和"无害化"为目标，在医疗废弃物的产生、分类、回收、运输和处理各环节加入生态约束变量，运用制度政策、技术、监督和公共设施建设等手段，实现资源高效、节约、集约利用，促进经济增长和生态协调发展，形成政府、企业、公众共治的环境治理体系，实现环境质量改善的目标。

在宏观层面产业生态化约束下，微观层面的利益相关主体如政府、企业、医疗机构、回收处理企业和公众等，对医疗废弃物的管理目标、方式、手段和监督等都具有新特征，通过实地调研发现医疗废弃物回收中产业生态化的问题和障碍；分析各主体行为相互关系、理想状态演化方向的不同影响因素，模拟仿真政策变量，识别影响系统产业生态化行为的关键因素，探索回收系统在产业生态化约束下的新规律；据此设计政策组合，从系统的分层目标到总目标，系统内部到外部，"自内向外""自底向上"提出优化策略。

该项目打破目前医疗废弃物管理政策无法进行实验研究的瓶颈，对提升医疗废弃物回收处理的系统性、科学性、动态性和安全、可持续地管理医疗废弃物，促进废弃物循环利用、减少环境污染等都具有重要的现实意义；同时奠定宏观产业生态化政策的微观基础，丰富了可持续发展理论，为加快建设资源节约型、环境友好型社会，改革环境治理基础制度提供理论依据。

1.1.3 国内外研究现状及发展动态分析

1.1.3.1 产业生态化内涵和路径研究

产业生态化内涵和路径研究为项目开展提供了坚实的理论基础，最早提出产业生态学概念的为 1989 年 Rbert Frosc 在《科学美国人》上发表了"制造业发展战略"一文，认为可以通过生产方式的革新减少工业活动对环境的不利影响，并提出产业生态学思想。此后学者们从不同领域对产业生态化进行阐述。S. Erkman 从系统论的角度出发，研究产业系统的运作与生物圈之间的相互作用，并依据生态系统的特征合理调整产业系统达到两个系统的协调运行，归纳产业生态化的三要素为：产业生态系统是产业系统和生物圈一体化的系统，科技创新能推动产业系统向可持续发展系统转换，注重系统的非物质化。Lowenthal M. D. 和 Chertow M. R. 认为产业生态学是将自然生态学的视角、工具、原则应用于产业系统，研究了能量的产生、转移过程中生态学的影响，该影响包括对人类健康、环境和公共设施等。Braden R. Allenby 提出了产业生态系统的三级进化理论，一级系统为从无限资源到无限废料；二级系统为从有限资源到有限废料，系统内的资源和废料受资源数量和环境容量约束；三级系统为封闭循环系统是理想的产业生态系统，资源和废物只是相对的，实现代谢物的资源化。郭守前认为产业生态化创新是对系统内各组成部分进行合理优化耦合，以建立高效率、低消耗、无污染、经济增长与生态环境相协调的产业生态系统的过程。夏艳清提出城市生活固体废弃物管理的产业生态化就是以减量化、再利用、资源化为核心，对进入

3

经济循环中的物质榨取最大价值,尽量减少最后进入自然界的废弃物。

1.1.3.2 国内学者关于产业生态化近期的研究可分为三个方面

（1）产业生态化的理论探讨

如田昕加采用系统论的思想来对林业资源型城市产业生态化问题与障碍因素进行分析;杨艳琳、欧阳瑾娟指出促进资源的高效利用、循环利用,促进经济增长与生态相协调,是实现产业生态化发展的方法;王海刚、衡希、王永强等阐述了西部传统产业生态化发展的模式。

（2）产业生态化的实现途径

如黄志斌、王晓华指出产业生态化是将物质生产过程的产业活动纳入生态系统循环之中,实现产业系统同生态系统的良性循环,实现经济、生态、社会可持续发展的重要途径;刘传江、吴晗晗、胡威等提出产业生态化不仅要追求经济增长,更要将生态环境作为产业发展的外在条件,在传统经济增长模型中加入生态约束变量,并以我国工业部门为例进行实证分析;王磊、陈军、王太祥以新疆为例,比较分析不同类型资源型产业生态化发展水平及其演进。

（3）对产业生态化的效率进行评估

如李华旭、孔凡斌（2016）和马勇、刘军等（2016）以可持续发展思想为指导,通过对产业生态化、生态效率内涵的界定,以生态效率为测度,构建指标体系,采用 DEA 模型对长江经济带沿江地区总体产业生态化效率进行评估;仇方道、沈正平、张纯敏以源头减量化、清洁生产和末端治理的产业生态化为导向,应用完全分解模型,对江苏省的工业环境绩效进行评价,得出提高资源节约集约利用水平是产业生态化转型的主要措施。

1.1.3.3 用博弈论的方法研究环境污染问题

用博弈论的方法研究环境污染问题,主要集中在碳排放、大气污染等,研究医疗废弃物系统的较少。具体如以下方面:付秋芳、忻莉燕、马士华等采用演化博弈的方法研究了碳减排背景下,企业的供应商和制造商组成的二级供应链的行为与策略，分析了契约与惩罚机制下的演化博弈结果；赵令锐、张骥骧也研究了碳排放权交易中企业的减排行为的演化博弈模型，得出政府对进行自行减排的企业给予适当补贴，会激励企业进行自行减排；何为、温丹辉、孙振清对大气环境治理进行演化博弈分析，得出以环境治理为导向的考核模式中，累进惩罚制度将达到演化博弈均衡；曹凌燕、邵建平也研究了城市空气污染的地方治理主体的互动博弈与策略选择，结合新常态下环境治理的特征，提出协同治理是未来城市空气污染地方治理的途径；刘佳、刘伊生、施颖等研究了绿色建筑规模化发展中政府和开发商群体的演化博弈行为；侯贵生、殷孟亚、杨磊等研究工业化进程中经济发展与环境保护矛盾突出背景下，政府环境规制强度与企业环境行为的博弈模型，探讨了政府排污税规制政策强度变化条件下企业最优应对策略。

1.1.3.4　医疗废弃物管理的研究

医疗废弃物管理的研究，主要集中在政策的规范化和废弃物产生量的影响因素方面。具体为以下几方面。

（1）医疗废弃物管理的政策探讨

通过问卷调研和访谈等找出医疗废弃物管理过程中存在的问题，主要集中于研究发展中国家和落后国家，如 Abdel Gadir M 对苏丹医疗废弃物清洁人员对医疗废弃物危害的认知、态度和行为进行分析；Alam & Masum A 等利用实地调查，并采访了相关主管部门和参与管理人员，表明缺乏认识和财政支持是医疗废弃物管理不当的原因；以调查问卷形式研究，我国作为世界上最大的发展中国家，学者们也进行了相关研究，如 Zhang Yong 等通过问卷调查方式对南京市医疗废弃物管理进行定量分析；Lingzhong Xu 及 Hao–Jun Zhang 等分别对山东省、甘肃省医院废弃物管理的现状进行研究，提出了从资金、行政管理、技术层面加强医疗废弃物管理的建议；Nie L & Wu H 通过问卷调查的方法分析我国农村医疗废弃物管理中的问题并提出建议；Jan Harris 规范了废弃物管理的分类、收集、处理和相关制度。Barnettitzhaki Z & Ikeda Y 研究了以色列、日本家庭医疗废弃物的处理措施和政策。

（2）通过统计数据，分析医疗废弃物产生量和产生率的影响因素

如 Komilis D 把医疗机构分为 8 类，研究不同医疗机构每天每床位产生的医疗废弃物量，比较产生的感染性医疗废弃物量的不同；Xin Y 提到医疗废弃物的产生率受医院规模、专业化程度、医疗技术等多个因素影响；Shah A F 调查了印度喀什米尔市牙科保健人员对医疗废物认知与管理；Moreira A 对医疗废物和生物医学废弃物进行分类。Karpušenkaitė A、Ruzgas T & Denafas G 对立陶宛医疗废弃物的产生量进行预测。石月欣等研究通过 PDCA 循环应用于医疗废弃物标准化的流程管理，提高医务人员对医疗废弃物的分类管理的意识，动态监测每月医疗废弃物产生量等措施，达到了医疗废弃物年产生量下降、医疗废物管理工作持续改进的目的。

综上所述，环境污染问题已经迫在眉睫，医疗废弃物作为一大污染源，更应该科学、有效、安全和可持续的管理。学者们对产业生态化的具体路径、应用、环境污染的机制建立和对医疗废弃物的管理都进行了大量的研究，但以产业生态化为目标，把医疗废弃物回收作为一个系统，探讨系统运行机制，提出发展路径的文章并没有。基于此，本研究拟在实地调研基础上，分析我国目前医疗废弃物回收中存在的问题及产业生态化的障碍因素，在此基础上，以"减量化""再利用"和"无害化"为目标，构建产业生态化系统，并通过对系统中相关主体间关系和行为的演化博弈分析，探寻系统协调的机制，据此提出产业生态化的实现路径。

1.2 研究目标与内容

1.2.1 研究目标

围绕"产业共生"这一核心理论，以"减量化""再利用"和

"无害化"为目标,在医疗废弃物的产生、分类、回收、运输和处理环节加入生态约束变量,探寻医疗废弃物产业生态化系统的协调机制,实现资源高效、节约、集约利用,促进经济增长和生态协调发展,形成政府、企业、公众共治的环境治理体系,实现环境质量改善的目标。

具体目标一:按照废弃物管理的好坏程度,选取具有典型代表性城市进行实地调研,发现医疗废弃物回收的问题和产业生态化影响因素,构建产业生态化系统。

具体目标二:围绕医疗废弃物回收处理系统的相关主体——政府、公众、医院和医疗废弃物回收处理企业等,运用利益相关理论、演化博弈理论和模拟仿真等方法,通过制度政策、技术、监督和公共设施建设等手段,探明医疗废弃物回收处理产业生态化的协调机制。

具体目标三:强化医疗废弃物回收系统产业生态化协调机制的构建和完善的动力,提出产业生态化的治理策略。项目旨在为我国医疗废弃物的管理提供理论和现实依据。

1.2.2　研究内容

(1)对本研究的研究背景和意义进行阐述

对国内外与该项目有关的文献进行梳理,在此基础上规划本研究的研究内容、方法和技术路线等。

(2)医疗废弃物回收产业共生网络的构建

首先对产业共生网络进行界定,明确医疗废弃物回收共生网络的内涵,在此基础上对网络的构成要素和结果特征进行分析,并从资源配置效率、政府行为、社会文化环境三个层面分析了网络的驱动力,最后剖析医疗废弃物产业共生网络的运行模式,包括依托型、平等型、嵌套型和虚拟型。

(3)分析医疗废弃物回收产业共生网络的影响因素

将协同治理影响因素作为网络节点,借助社会网络分析方法对医疗废弃物回收产业共生网络协同治理的影响因素展开分析。采用问卷调查法，收集一手资料，构建邻接矩阵，在专家咨询与相关文献的不断比较中，提炼协同治理影响因素，如政府主导作用、开展示范、推广教育工程、市场规范化程度、企业执行国家标准、处理流程规范化等，构建医疗废弃物回收网络的产业共生社会网络模型，并对网络的中心性、结构洞、诚实中间人和凝聚子群等指标进行分析。

（4）医疗废弃物回收产业共生网络的静态稳定性

从医疗机构和回收企业共生关系和医疗废弃物回收产业链上各合作企业的利益分配公平性两个角度探讨稳定性。

首先，建立了 Logistics 共生演化模型，分析医疗机构和回收企业共生关系的稳定性，两者之间的演化关系分为：无共生关系、偏利共生、对称共生，并借助 MATLAB 软件进行共生关系的模拟仿真，得出无共生关系，对彼此收益没有影响，各自低水平发展；偏利共生关系时，有共生作用的企业发展更好，另一个企业相对较弱；对称共生关系时，两者紧密融合，互相促进，收益都有很大的提升，是理想的、稳定的状态。通过演化仿真的模拟，预测共生关系建立的时间，达到稳定状态需要的时间。

其次，在信息不对称、有限理性企业导致利益分配情形下，采用修正 Shapely 值法利益分配模型在考虑合作企业成本投入、风险承担和价值贡献等测度因子的基础上，给出各合作企业利益分配方案，并通过实际算例验证了模型的适用性和可行性。该模型明确了合作企业间利益关系，为产业链的稳定可持续发展提供决策依据。

（5）医疗废弃物回收产业共生网络的动态演化稳定性

从研究政府和医疗机构间以及医疗废弃物回收产业链中医疗机构、回收企业和政府三方演化博弈两个角度探讨产业共生稳定性。

针对医疗废弃物管理的产业生态化问题，构建了政府和医疗机构演化博弈模型，通过复制动态方程求出模型 5 个局部均衡点，并对均衡点稳定性进行分析，最后运用 Matlab 工具对政府和医疗机构的交互行为演化稳定趋势进行数值仿真。结果表明，政府监管力度、监管的社会收益和成本、医疗机构采用产业生态化管理的成本是影响政府和医疗机构演化博弈行为的关键因素。最后从加强政府监管力度、引入上级政府部门考核机制及促进医疗机构承担社会责任三个方面提出建议。

针对医疗废弃物不合理回收问题，构建了医疗废弃物回收产业链中医疗机构、回收企业和政府三方演化博弈模型及动态复制方程，并对均衡点的稳定性进行分析，最后运用 Matlab 工具进行仿真模拟，探究系统演化至稳定状态的影响因素及驱动力。研究结果表明：政府在医疗废弃物产业链生态化过程中起主导作用；医疗机构和回收企业被动进行生态化行为；政府对医疗机构和回收企业的监管具有滞后效应。

（6）医疗废弃物回收系统产业生态化的实现路径

强化医疗废弃物回收处理系统协调机制的构建和完善的动力，针对影响回收处理系统生态产业化的因素，从内部控制和外部措施两个角度提出促进回收处理产业生态化的策略。

运用 PDCA 管理循环法，结合治理策略，对产业生态化的流程进行标准化管理，达到生态产业化系统与环境和谐统一、可持续发展的目的。

1.2.3　拟解决的关键科学问题

关键科学问题一：在分析目前我国医疗废弃物回收处理中存在的问题和产业生态化障碍的基础上，以"减量化""再利用"和"无害化"为目标，以系统相关主体行为为研究对象，以制度政策、技术、监督和公共设施建设等为手段，构建医疗废弃物回收处理产业生态化系统。

关键科学问题二：围绕回收系统的源头即医疗机构实现"减量化"，终端即回收企业实现"无害化"，中间环节医疗机构和回收企业的产业链实现"再利用"的目标。在信息不对称条件下，围绕医院、公众、政府和回收企业等相关主体，分别建立竞争与合作的演化博弈模型，并进行模拟仿真，探究影响产业生态化系统演化至理想状态的因素及协调机制。

1.3 研究方法与技术路线

1.3.1 研究方法

（1）文献研究法提出医疗废弃物系统产业生态化的具体目标

通过文献梳理与回顾的方法，明确产业生态化、系统协调机制内涵和外延；我国医疗废弃物回收方面文献较少，因此着重对外文文献进行重点梳理，掌握国外的相关政策、管理措施、政府行为、监督措施等，在此基础上提出我国产业生态化系统的具体目标，"减量化""再利用"和"无害化"。

（2）实地调查法分析医疗废弃物回收系统产业生态化障碍

选取典型城市，进行实地调查，从医疗机构源头药物"减量化"行为、废弃物分类、"再利用"程度和回收企业废弃物"无害化"处理水平、政府激励与惩罚措施、公众监督力度等方面分析我国医疗废弃物回收存在的问题，分析回收系统产业生态化的障碍因素，厘清医疗废弃物回收系统相关主体。

（3）系统分析法构建医疗废弃物回收产业生态化系统

把医疗废弃物的回收作为一个系统整体来研究，以"减量化""再利用"和"无害化"为目标，首先，深入分析其结构特点和主体间关系，构建医疗废弃物回收产业化系统目标（如图1-1），源头实现"减量化"目标，中间环节实现"再利用"目标，终端实现"无害化"。

（4）社会网络分析法影响因素分析、Logistics 共生演化分析相关主体间关系和修正 Shapely 值探讨主体间利益分配

采用社会网络分析法分析各影响因素间关系，采用修正 Shapely 值法和 Logistics 法分别分析相关主体间演化关系和利益分配关系。

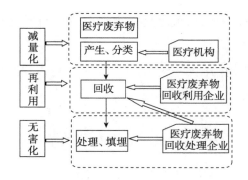

图1-1 医疗废弃物回收产业化系统目标分解

①社会网络方法

社会网络方法是将定性、定量资料和图表数据整合来研究社会结构和社会关系的一种分析方法。借助结构性思想、关系数据、图论、数学模型等对行动者之间的关系及结构进行研究，将社会关系的结构形式或行动者之间的关系模式用社会网络来描述，社会网络由多个节点与连接各个节点的连线组成，节点代表真实系统中不同的行动者，通过连线来表示不同行动者之间的联结或关系，使行动者看清在特定网络联结模式中所隐含的各种模糊的约束和机会。采用该方法分析医疗废弃物回收网络影响产业共生的因素，以及各因素之间的关系，各因素在网络中所处的位置，从中心性、结构洞和子群等角度展开研究。

②修正 Shapely 值的利益分配模型

通过深入访谈、专家咨询等方法确定医疗废弃物产业链企业间利益分配的依据，探明影响因素包括：成本投入、风险承担、价值贡献等。建立修正 Shapely 值的利益分配模型，并通过医疗废弃物回收产业链利益分配算例验证了模型的可行性和实用性。

③Logistics 共生演化模型

医疗废弃物共生系统的动态变化过程中内生演化和外生变化，可简化为医疗机构和回收企业医疗废弃物的收益信号，通过描述医疗机构和回收企业医疗废弃物收益变化对系统的演化过程进行诠释。借用 logistics 共生演化模型，来刻画医疗废弃物收益增加与所处环境的内外变化的过程。

考虑到医疗机构与回收企业的共生关系，可以得到两者相互作用的共生演化模型如公式。

$$\frac{\mathrm{d}x}{\mathrm{d}t} = r_1 x \left(1 - \frac{x}{N_1} + \sigma_{12}\frac{y}{N_2}\right) \tag{1-1}$$

$$\frac{\mathrm{d}y}{\mathrm{d}t} = r_2 y \left(1 - \frac{y}{N_2} + \sigma_{21}\frac{x}{N_1}\right) \tag{1-2}$$

将医疗机构与回收企业分别视为不同的自变量来构建模型，该模型指两者结合的关系，结合关系不会改变双方原有的性质和结构，分析共生演化关系包括：无共生关系、偏利共生、互惠共生关系三种关系。最后用 MATLAB 软件进行医疗机构与回收企业间关系的模拟仿真，证明了模型的可行性和适用性。

（5）演化博弈法分析医疗废弃物回收产业生态化系统协调机制

对医疗机构、政府和公众三个参与主体的演化博弈分析，实现"减量化"。假设三个参与主体具有有限理性，医疗机构采取的策略集为 S1 = ｛采取，不采取｝，"采取"指医疗机构进行合理的"减量化"控制方法，如对医疗废弃物进行合理的分类，杜绝药物器械的滥用，引入先进的技术设施或技术创新等，减少医疗废弃物的产生。"不采取"指按照医疗机构传统方式，不采取任何减少医疗废弃物产生的措施。政府的行为策略 S2 = ｛调控，不调控｝，指政府采用一定的方法对医疗机构生态产业化进行监督，如常规检查和不定期抽查，强制企业安装监控设施等结合，对实施产业生态化的医疗机构给予奖励或补贴等激励措施，反之给予惩罚。公众的行为策略 S3 = ｛监督，不监督｝，指公众对医疗机构减量化行为进行监督，举报不实施产业生态化的医疗机构，不监督指不行使监督权。在此基础上，构建三方演化博弈模型，求出各自支付函数，构造三方行为的复制动态方程，求出其演化博弈的均衡点及稳定性分析，在理论分析的基础上，根据约束条件和复制动态方程，用

MATLAB 工具对医疗机构、政府和公众的交互行为演化过程进行数值仿真。对回收企业、政府和公众三个参与主体的演化博弈分析，实现"无害化"，思路与上基本相同。对政府、医疗机构和回收企业三个参与主体进行利益主体演化博弈分析，实现"再利用"，构建未引入政府约束机制和引入政府约束机制的"医疗机构—回收企业"演化博弈模型，以"再利用"为目标，探索政府、医疗机构和回收企业各自的行为，借助复制动态方程得到各利益相关方的演化稳定策略和规律，并进行仿真。

（6）典型经验与 PDCA 管理循环法

典型经验分析，通过对美国、日本等发达国家医疗废弃物回收系统分析，结合我国固体废弃物、电子废弃物等先进经验，在调查、系统分析基础上，基于各方利益主体目标实现和责任落实理念，与医疗机构及当地政府部门、医疗废弃物处理企业进行共同研究，从实际中提出理论问题，结合废弃物回收系统产业生态化协调机理，提出具有普遍指导意义的理论成果，指导医疗废弃物管理实践。

PDCA 管理循环法，对博弈分析的影响产业生态化因素，从企业内部控制和外部管理两个角度执行，基于 PDCA 管理循环法（如图 1-2 所示），从 P（计划 PLAN），根据治理策略，制订医疗废弃物管理的计划；D（实施 DO），高效的执行计划；C（检查 CHECK），检查评估管理的效果；A（处理 ACT），好的运行结果经过标准化后推广，同时对遗留问题在下一个 PDCA 循环进行处理。这样周而复始循环上升，达到回收系统产业生态化的目标。

图 1-2　医疗废弃物回收网络 PDCA 管理循环

1.3.2　技术路线

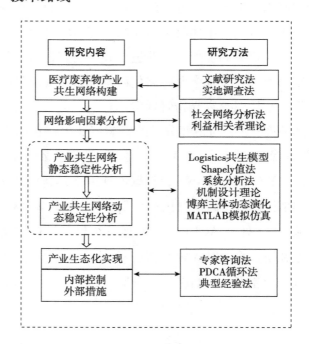

图 1-3　技术路线

1.3.3　可行性分析

研究对象可行性。环境保护及医疗废弃物管理已经成为我国政府高度关注和学者重点研究的领域。目前我国对医疗废弃物管理的研究较少，缺乏成熟的废弃物管理机制。因此新的研究领域为本研究提供了较大的空间。

研究思路可行性。基于产业生态化的视角，符合我国环境保护注重"绿色、安全、生态"的理念，在实际调研基础上发现医疗废弃物回收中存在的问题和产业生态化的障碍因素，构建以"减量化""再利用"和"无害化"为目标的产业生态化系统，探寻系统运行机理，进而提出促进系统产业生态化的治理策略，是从根本上推进医疗废弃物规范化管理的重要措施。

1.4　研究特色与创新之处

第一，首次将"产业生态化"理论应用至医疗废弃物回收，目前产业生态化政策如何植根于医疗废弃物回收少有研究。因此，本研究把宏观层面的产业生态化政策，细化为源头即医疗机构"减量化"，终端即回收企业"无害化"，中间环节即医疗机构和回收企业"再利用"的分目标，从微观层面医疗废弃物回收系统内部相互关系协调机制的分析，"自内向外""自下向上"提出优化路径，奠定了宏观产业生态化政策的理论基础。

其次，打破目前医疗废弃物管理政策无法进行实验的瓶颈。通过实地调研发现医疗废弃物回收的问题及产业生态化障碍，对医疗废弃物产业生态化系统的各相关主体：政府、医疗机构、废弃物回收企业、公众等行为，通过演化博弈分析，进行 Matlab 模拟仿真，量化调控效果，识别影响系统产业生态化行为的关键变量，据此提出优化路径，提高了医疗废弃物管理的安全性、科学性和可持续性。

第2章　医疗废弃物回收产业共生网络的理论基础

2.1　产业共生的概念与研究趋势

2.1.1　产业共生概念的界定

产业共生一词最早源于 20 世纪 40 年代，描述一家企业的废弃物是另一家企业的原材料的企业间"有机关系"。后来丹麦卡伦堡公司正式给出了产业共生的概念，指以提高企业生存能力为目的，不同企业间建立在共生和生态学理论基础上的合作关系，这个概念对产业共生进行了扩充，不再单指废弃物处理的合作关系。Reid lifset（1997）和 chan（2001）提出产业共生不仅是企业间废弃物交换，不应该只包括工业共生，而应该拓展到产业所有领域的一种全面合作。美国教授 Chertow（2007）提出产业共生行为和其他行为交换的多元化共生概念，指出产业共生和传统两个企业间的直线交换不同，应该至少包括三个企业实体和两种物质交换，明确了产业共生的内涵；胡晓鹏（2008）认为产业共生是指同类或不同类产业不同模块之间的融合、互动、协调的发展，产业链的连续性和产业链融合带来的价值增殖性质分别是推动产业共生的内因和外因；Lombardi 等（2012）认为通过信息创造和共享等方式进行组织间的合作，合作包括：采购时的创新性投入和产出的非产品的增值等，鼓励网络中的不同组织加强生态创新性和逐渐的文化变化；石磊等（2012）从系统的角度定义和扩充了产业共生的内涵，指出产业共生是产业系统内部及产业系统与社会或自然系统之间发生的物理交换过程，交换包括原材料、副产品或废弃物等能取得环境和经济效益的产品。

2.1.2 产业共生的研究趋势

目前学者对产业共生的探讨集中于三个方面：产业共生的理论探讨、产业共生的实现途径、以具体的城市和地区为例研究产业的实践应用。

2.1.2.1 产业共生的理论探讨

陈凤先等（2007）认为共生理论是生态系统组成的一部分，是促进其发展、演化的重要理论，将产业共生用于产业领域，会对产业的健康、良性发展起着重要的指导作用，并依据系统产业的相互关系及共生单元之间的利益关系，将共生模式分为：共栖、互利型产业共生、寄生型产业共生、偏利型产业共生、附生型（异生型）产业共生、混合型产业共生。孙静春等（2011）通过关键词词频分析法找到产业共生主要研究理论依据、共生模式、演化路径、实现载体和评价体系这五个领域，并对其进行现状分析，探索各领域间关系及存在问题，为进一步促进产业共生的研究和发展奠定了基础；王珍珍等（2012）从产业共生的哲学含义出发，讨论共生的内涵、产业共生实质及其构成要素以及其在社会经济领域中的应用，提出产业共生包括组织演化、共同进化、合理分工及合作竞争机制，并且这四个方面之间相互联系。刘志侃（2013）则提出了发展产业共生中介体的概念，认为其有利于降低产业共生中的交易成本，通过对英国、韩国和中国产业共生项目中的中介体的介绍，认为中介体具有七大功能。陈有真（2014）认为推动传统产业组织的产业生态化转变，构建具有生态系统特征的产业共生体系是实现产业可持续发展的新路径。柯宇晨（2014）通过对共生理论的起源、内涵以及研究发展框架进行梳理，在工业共生、产业共生、企业共生、技术领域的发展应用上对产业共生进行详细评述。

2.1.2.2 产业共生的实现途径

产业共生的实现途径具体又可以分为以下几个方面。

（1）从产业的生态化和生态园建设角度来研究产业共生实现途径

袁飚（2009）通过理论和实践研究认为，产业生态化的实现既有企业内在的驱动力，又有政府外在的压力，同时非政府组织在推动产业生态发展中也发挥着不可或缺的作用，还要营造有利于产业共生的良好社会氛围。史巧玉（2013）认为要想实现产业的生态化，必须先了解产业共生和实现产业生态化的划分，在对国内已有文献进行回顾的基础上，提出相应的政策建议。刘国山等（2013）认为产业的生态化，对人类社会的发展起着非常重要的作用。认为建立生态产业共生网络，可有效地减少原材料使用量并降低污染物排放。王剑（2012）则认为工业园区生态化是发展趋势，其核心是建立"资源—产品消费—再生资源"产业共生的生态模式，以充分利用资源、减缓或消除环境破坏、协调社会经济与资源环境的关系；以产业生态学理论为指导，分析了工业园区生态产业链及产业共生模式的类别及特征；并以天津空港经济区为例，构建了嵌套型工业共生体系框架。许新宇（2015）则提出为实现全球经济可持续发展、生态工业园共生模式优化、共生网络稳定性、共生效率评估，可通过产业共生推动实现创新，需要发展具有高效能源利用和优化的资源配置生态工业园区，研究趋势应为在案例研究的基础上，建立和完善指标体系、量化方法、评价标准、综合评估技术。闫二旺（2016）认为生态工业园区是全球各国工业园区和产业集群发展的方向与目标，作为发展中国家，在借鉴西方生态工业园区的发展模式时，必须将我国的特殊国情与之相结合，形成具有中国特色的生态工业园区发展路径。赖力（2016）采用多样本案例、生命周期法，认为园区循环化改造是推动循环经济发展、生态文明建设的重要途径，阐述和剖析园区存在问题、提出园区循环化改造的制度优化提升路径。

（2）产业共生的实现机理、产业升级的角度研究

周碧华（2011）认为解决共生缺口以及路径依赖问题是当前我国区域产业共生在空间和时间上的演化的主要挑战，而参与产业共生系统的企业数量增加、关联度的增强以及有效的初始生态效率引导机制和转型机制则有利于解决这两个问题。石磊（2012）从关键参与者、核心能力以及资金流 3 个维度对产业共生发展模式进行了辨识，发现中国还没有形成固定的产业共生模式，提出了促进我国产业共生和生态工业园区建设的建议。王如忠（2017）从产业供给的视角，认为以提高产业投入、产出效益为重要特征的产业协同发展应成为我国经济新常态下供给侧结构性改革的重要选择。孙畅（2017）从产业共生的作用机理出发，认为产业共生与产业结构升级具有相关性，但各区域影响产业结构升级的因素不同，因此加快产业转型发展、营造共生环境、实行动态调节机制、重组产业管制框架是产业共生背景下促进产业结构升级的有益措施。赵秋叶（2016）认为产业共生网络是指基于物质及能量交换以及知识及基础设施共享而形成的在不同产业主体之间的合作共赢网络，是产业转型升级的重要保障，她从共生网络的意义、构成、功能及评价、演化、管理调控等方面比较分析了国内外产业共生网络的研究进展，并对其发展前景做了展望；王鹏、王艳艳（2016）运用网络分析方法，借助 ucinet 软件进行中心性分析、角色位置分析，借助 netdraw 进行可视化展示（ucinet 和 netdraw 软件已绑定），对上海市莘庄生态产业园不同年份的产业共生网络结构图谱进行分析，得出产业生态网络自身演化具有滞后性，可以通过多中心嵌套式网络提高网络稳定性，通过政府规划和指引提高企业的适应力。李南（2017）认为产业转型升级可通过共生实现，从利益相关方视角提出临港产业是实践产业共生理念的理想载体，对临港产业共生进行概览，着重阐明了鹿特丹临港产业共生实践经验，提出包括集体行动机制、科学的对接流程、综合应对不确定前景以及建立稳定的信任关系的建议。

（3）产业共生在科技产业、金融产业、物流产业、环境保护产业等的应用

吴泗（2012）则重点对科技服务业发展的产业基础、市场需求和机构信誉、公共基础设施等支撑条件，科技服务业发展的环境以及科技服务业集群发展等问题进行具体的分析和探讨，从产业生态的角度来阐述科技服务产业生态的基本要素和科技服务业生态体系构成。张敬峰（2013）认为产业共生有助于促进供应链金融生态系统的构建，有助于创新供应链金融产品和服务。李根（2016）从产业共生视角出发，分析制造业与物流业协同发展的制约因素包括：经济条件、基础设施和行业分布等，研究发现物流业的发展需要制造业带动和反馈，提高制造业与物流业的产出水平，加强两者的产业联系，实现制造业与物流业协同系统由初级向高级阶段发展。产慧君（2016）认为环境污染是工业发展的必然产物，它不仅需要外部的生态补偿，也需要产业共生生态补偿；农工产业共生生态补偿是一种农业和工业之间的互惠补偿，既有利于转变农业发展方式，提升农业产业发展效率和质量，又有利于促进农业新业态的培育。

2.1.2.3　以具体的案例研究产业共生的实践形式

刘福生（2007）通过内蒙古地区生态产业共生与区域经济增长、产业关联性、结构调整与升级技术创新等耦合机理研究，提出了构建矿区生态产业共生网络的策略。李天舒（2008）通过解析大连开发区建设循环经济型产业园区的方法和特点，发现大连开发区已经逐步架构起各生态产业链条之间的工业共生网络，产业共生网络运转的支持体系和推动机制日益完善，认为产业共生理念在新产业区建设和老产业区调整改造中具有重要的启示意义。杨萍等（2011）认为产业共生是我国区域可持续发展的有效途径和必然选择，以昆明东川区为例，认为资源型城镇只有通过发展循环经济才能确保未来的长足发展，发现产业共生既可以使物质、资源的循环在原有的产业内部进行，也可以在不同的产业

部门之间来展开，因此，必须建立不同产业之间的产业共生体。李舟（2012）以广西桑蚕产业循环经济路径选择为切入点，在其循环经济存在的困境基础上，提出了重塑多元共生单元、营建链网共生模式、优化共生外部环境、打造智力共生平台等的构建措施，以促进广西桑蚕产业可持续发展；实现经济与生态环境的"双赢"。苏婷（2012）则从产业共生的角度出发，分析欧盟滨海产业共生项目，并针对出现的问题提出对策。李锋（2013）通过对安徽省黄山市徽州区循环经济园区调查分析，从产业共生的角度出发，将循环经济生态产业链嵌入共生理论中，规划企业生态共生与生态产业链结合的循环经济系统。谭林（2014）则在实地考察新疆某循环经济产业园区基础上提出：促进特色产品升级，提升产品经济附加值；利用当地比较优势资源，最大限度实现产业链延伸，尽可能地把产生的税收留在当地，进而大力发展当地的基础设施，减少对企业产品外销的制约，形成正循环。

2.2　医疗废弃物产业共生回收网络的构建

2.2.1　医疗废弃物产业共生回收网络的界定

借鉴张其春、郗永勤（2017）城市废弃物共生网络的概念，医疗废弃物回收共生网络为：以追求生态效益、经济效益和社会效益为共生目标，以医疗废弃物为媒介，共生单元通过物质流、信息流、能量流、技术流的融合协同运行为纽带，实现废弃物的分类、回收、运输、再利用和处理等功能形成的横向与纵向结合的动态网络系统，以达到废弃物减量化、再利用和资源化的目标，追求经济价值的自组织形式和追求生态效益的政府的激励引导行为是共生单元融合协同的动力机制。

如图 2-1 所示，医疗机构指医院、妇幼保健院、社区卫生服务中心、服务站、各级卫生院、疗养院、村卫生室（所）、临床检验中心等。医疗机构产生的废弃物经过分类后，分别由回收利用企业和回收处

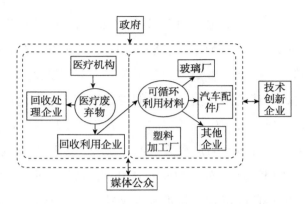

图 2-1   产业共生的医疗废弃物回收网络示意图

理企业进行分别回收,回收处理企业对感染性废弃物和不能再利用的废弃物进行处理变为普通废弃物后填埋,回收利用企业对可循环利用的一次性输液瓶、输液袋等进行回收,经过专业处理后达到安全、可靠的可循环利用材料,这些材料以不危害人体健康为前提,可分别作为玻璃制品厂、汽车配件厂、塑料加工企业和其他企业的原材料,但不能用作原用途。政府、媒体公众和技术创新企业作为医疗废弃物产业化的执行者、监督者和推动者,成为医疗废弃物产业生态化的重要助推力量。

2.2.2   医疗废弃物产业共生回收网络结构分析

2.2.2.1   产业共生网络的四要素

袁纯清(2008)首次提出"共生理论"框架,指出共生关系四要素为共生单元、共生模式、共生界面和共生环境,它们是共生关系的本质。共生单元是形成共生关系、构成共生网络和实施共生行为的基础,是共生网络进行能力生产、交换和分配的主体,彼此之间互相融合、互相促进。

(1)共生模式

共生模式,是共生关系形成的关键因素,也是共生关系的载体,指共生单元和共生资源之间的联结方式和联结强度,具体反映共生单元间进行物质、能量、信息、技术、知识和资金等交换的合作形式、联结方式、联结强度和互动形式，使共生单元互相融合、互相促进，提高整个共生网络的能量。按共生单元利益分配的比例不同，穆东、徐德生（2016）把共生模式可分为寄生共生关系、偏害共生关系、偏利共生关系、竞争共生关系、非对称性互利共生关系和互惠共生关系等六种行为方式。

（2）共生界面

共生界面，是共生单元之间联系的通道、媒介、方式或机制，是共生关系形成的基础，共生界面依靠物质、能量、信息、技术、知识及资金等共生介质实现其物质交换、能量传递、信息共享、技术支持、知识传播等功能。张其春、郗永勤（2017）从共生单元互相联系的角度提出，城市废弃物网络的共生界面包括物质交换机制、能量传递机制、信息共享机制、知识传播机制和利益协调机制。孙源（2017）从共生单元运行需要具备的条件角度提出产业创新生态系统中，共生界面包含动力机制、竞合机制、激励机制、约束机制和协调机制。

（3）共生环境

共生环境是共生关系形成的基础条件，是共生单元活动的外部环境，任何独立的共生单元如果脱离共生环境都无法共生演化，相反优越的共生环境能够促进共生网络的形成、演化和升级，可以增强共生单元积极地进行物质、能量、信息、技术、知识及资金等交流，提高共生网络的稳定性。

2.2.2.2　医疗废弃物产业共生网络的四个要素

（1）医疗废弃物回收网络的共生单元

医疗废弃物回收网络的共生单元分为核心共生单元和外围共生单元两部分，核心单元指医疗机构、回收企业、回收处理企业、玻璃厂、塑料厂、汽车配件厂，外围共生单元指政府、媒体公众和技术创新企业。核心共生单元实现产业共生关系的主体功能，彼此之间是资源供需关系，它们相互融合、相互促进，完成医疗废弃物和再利用材料的流动，最优配置状态是达到资源在各单元间自发流动，完全匹配。外围共生单元不直接参与医疗废弃物回收网络的产业共生，它们对核心共生单元起着引导、监督、促进、激励和推动等作用。核心共生单元和外围共生单元具有互相促进作用，共同实现网络的产业共生目标。

（2）医疗废弃物回收网络的共生模式

医疗废弃物回收网络的共生模式是指回收网络中的共生单元之间进行物质、能量、信息、技术、知识和资金等交换的合作形式、联结方式、联结强度和互动形式，共生模式分为共生行为模式和共生组织模式，根据收益在共生单元双方的分配，行为模式可以分为：寄生共生、偏利共生、非对称互惠共生、对称互惠共生模式。根据共生单元合作双方的联系紧密程度共生组织模式可以分为：点共生、间歇性共生、一体化共生等。从网络图分析发现，核心共生单元之间联系强度较大，主要进行医疗废弃物、信息、技术、资金等联系，互动频率也较高，如医疗机构和回收处理企业、回收利用企业之间会不断进行医疗废弃物、资金、技术和信息的交换；外围共生单元之间的联系相对较弱，主要进行信息、技术、资金的联结，媒体和公众主要对医疗废弃物回收网络进行监督，进行的是信息共享，政府对回收网络进行激励、引导、监督、资金扶持和引进技术等，回收网络中的核心企业及时传递网络的各种回收信息；技术创新性企业与回收网络间的联系较弱，主要通过信息、技术、资金联系，在没有技术创新的背景下，两者之间就没有关系。

（3）医疗废弃物回收网络的共生界面

医疗废弃物回收网络的共生界面是指核心共生单元和外围共生单元间联系的具体通道和机制。在张其春、郗永勤（2017）和孙源（2017）对共生界面分类的基础上，把医疗回收网络的共生界面分为动力机制、激励与约束机制、利益协调机制、技术创新机制，具体表现形式为共生界面之间依靠信息共享、技术交流、知识传播等途径实现各种机制，如政府与医疗机构、回收企业和回收处理企业之间同时并存激励与监督机制、利益协调机制、动力机制；媒体公众与共生网络的核心共生单元间存在监督机制、协调机制。技术创新型企业与核心共生单元间存在动力机制、利益协调机制，同时政府和技术创新型企业间存在激励机制、利益协调机制。从分析看出共生单元之间的关系不单单是一种机制，而是同时多种机制共同作用，各种机制良性循环，完成回收网络的演化和能量提升。

（4）医疗废弃物回收网络的共生环境

医疗废弃物回收网络的共生环境是共生关系产生、维持和提升的必要条件。张其春、郗永勤（2017）提到共生环境可以根据对共生网络的影响分为：正向环境、反向环境和中性环境，为促进医疗废弃物回收网络的形成，必须不断强化正向环境的效益，减少中性环境，严格限制反向环境的形成。医疗废弃物回收网络的具体环境包括：政策法律环境、经济环境、生态环境、社会环境、大众媒体环境、技术创新环境、地理环境、自然环境、人文环境、市场环境等，这些环境彼此关联良性发展，为共生单元提供激励、保护、协调、引导和监督作用，正向效益不断加强，促进回收网络的产生、维系和升华。

2.2.3　医疗废弃物产业共生回收网络特征分析

产业生态网络具有多样性、空间集聚性、系统耦合性、自组织演化性、规模经济性、协同演化性、趋势虚拟化等特征，医疗废弃物回收网络与普通共生网络不同，具有规划性、脆弱性、规模经济性和网络虚拟化四个典型特点。

2.2.3.1　规划性

产业共生网络的形成有三种模式，顶层规划、自组织和政府促进。顶层规划模式是一种自上而下的形成方式，由政府或代理机构根据企业间潜在协同共生关系，制定经济扶持政策。自组织模式指共生单元自发通过物质、能量、信息、知识、资金和技术等联系与交流形成共生网络。政府促进是介于顶层规划、自组织之间的一种网络形式，在政府引导和制定政策框架下，企业自发形成共生产业共生网络。

由于医疗废弃物的特殊性，随意丢弃会造成严重的环境污染，危害人体健康，具有很强的负外部性，受利益驱使的市场自发调节不能形成共生网络，自发形成的网络会导致可回收的医疗废弃物流入没有回收资质的回收企业，二次利用的废弃物没有经过严格的消毒等处理方式直接流入市场，造成环境的污染，不可回收的废弃物直接倾倒。因此医疗废弃物的产业共生网络不会自发形成，只有在政府主导下通过政策激励、引导和技术创新建构，共生网络中不符合标准的共生单元被淘汰掉，优质的共生单元被集聚。

2.2.3.2 脆弱性

医疗废弃物回收产业共生网络的脆弱性指产业共生网络中的核心企业间不是强强联合的关系，外围共生单元的管理、监督、引导的能量如果变弱，共生网络就很容易瓦解，比如医疗机构和回收利用企业间的关系，如果没有政策法律环境和政府监督、检查，医疗机构就会把废弃物给没有资质的企业获取更高利益。提高网络的稳健性需要不断加强监督和引导。

2.2.3.3 规模经济性

医疗废弃物回收产业共生网络的规模经济性是指回收利用企业的规模经济性，如果该企业的医疗废弃物过少，就会造成企业规模不经济，不会产生经济效益，只有各医疗机构的可循环利用的废弃物都回收到回收利用企业，才能促进回收利用企业的可持续性发展，提高企业利润，同时回收利用企业在利益分配中给医疗机构的相对提高，及可循环利用的废弃物的价格才能提高，达到一个互相促进的良性循环，反之会导致网络彻底瓦解。

2.2.3.4　虚拟化

医疗废弃物回收产业共生网络的虚拟化，借助大数据、信息技术、互联网，产业共生网络的演化趋势逐渐向虚拟化网络发展，借助虚拟网络的信息技术平台可以降低各共生单元信息交流成本、交易成本，提高网络运行效率，促进技术革新的实现。信息技术平台的信息披露可以打破地域、环境的现状，吸引更多共生单元合作，如可循环利用的材料可以供应给更多的企业，更集中优势资源，促进整个网络演化升级。

2.3　医疗废弃物产业共生回收网络的动力分析

由于医疗废弃物的特殊性，医疗废弃物回收产业共生网络不同于普通的产业共生网络，通过市场机制的价格机制、竞争机制不能推动网络的构建，价格机制反映供求关系的变化，竞争机制反映同质共生单元和异质共生单元之间的竞争，而医疗废弃物回收服务作为公共物品不适合单纯市场机制的条件。同时靠各共生单元内生的驱动力也很难完成，一般在经济利益的作用下，内生的驱动力容易促成网络的形成。医疗废弃物回收产业共生网络的特殊性决定从资源配置效率、政府行为、社会文化环境三个层面分析。

2.3.1　医疗废弃物管理的市场失灵

2.3.1.1　效益的外部性影响市场对资源最优配置

医疗废弃物的管理服务属于公共物品，具有效用不可分割、消费的非竞争性和收益的非排他性的特点，有效的废弃物回收与处理服务对环境具有很强的正外部性，相反，不合理的处理、废弃物的随意丢弃，这些行为具有很强的负外部性，严重危害人类健康和周围环境，但医疗机构本身并不会为此支付更多危害的成本，这种行为可以降低医疗机构的成本、获得更高的收益，社会由于承受了这种有害物质的外部影响而受到损失，社会成本大于私人成本，影响医疗废弃物的资源配置效率。

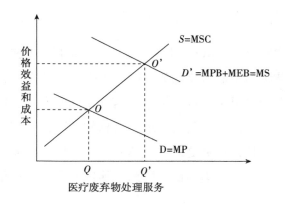

图2-2 医疗废弃物回收的正外部效应与资源配置效率

医疗废弃物回收服务的提供量呈现不足状态，如果把医疗废弃物的处理看做一项服务，如图2-2所示需求曲线和供给曲线相交的O点，医疗废弃物服务需求的私人边际收益（MPB）等于供给量的社会边际成本，没有达到有效的资源配置，此时的服务提供量为Q。医疗废弃物服务需求给社会带来的外部边际收益（MEB）也应该考虑在内，因此需求曲线向上平移到D'，需求曲线为私人边际收益与外部边际收益的和，此时需求曲线与供给曲线的交点为O'点，此时的服务提供量为Q'，Q小于Q'，因此具有正外部性的医疗废弃物回收处理服务的提供量呈现不足状态。

2.3.1.2 对外部性的矫正

基于上述原因，需要对外部效应进行内化，一般通过政府对外部效应进行矫正，矫正措施为对私人边际收益的调整，政策为财政补贴。而政府主导下的医疗废弃物回收产业共生网络的构建，就是解决外部性的措施之一，可以促进医疗机构规范化处理医疗废弃物，提高回收效率，减少环境污染，因此医疗废弃物网络自身的特点决定构建政府为主导，医疗机构、回收处理企业、回收利用企业为主体，社会组织和公众共同参与的产业共生网络成为一种必然。

2.3.2　政府主导

2.3.2.1　国家宏观政策

国家的经济政策包括经济发展计划、国际产业政策及政府的行政法规，目前国家进入经济发展的新常态，对绿色发展、环境治理问题尤为重视，十九大报告明确提出，加快生态文明体制改革，加快建立绿色生产和消费的法律制度和政策导向，建立健全绿色低碳循环发展的经济体系；着力解决突出环境问题，构建政府为主导、企业为主体、社会组织和公众共同参与的环境治理体系。而医疗废弃物回收产业共生网络就是要高效管理医疗废弃物，得到资源集约、节约利用，因此政策制度是医疗废弃物回收产业共生网络形成的重要背景。

2.3.2.2　政府的推动行为

政府的行为包括财政政策、税收政策、各种激励和惩罚措施及监督检查等，各级政府积极参与医疗废弃物的治理，在国家着力解决环境问题的大背景下，环境绩效考核成为政府绩效的一部分，各级政府也展开了污染防治行动，提高了污染排放标准，强化废弃物排放者的责任意识，健全环保信用评价、信息披露、激励与重罚结合的措施。因此，各级政府的行为成为医疗废弃物回收产业共生网络构建的关键驱动力，这些行为包括制定法规约束、规划引导、政策补贴和惩罚措施、监督检查等。

政府功能指政府为了促进社会经济平稳运行，具有提高效率、促进公平和确保稳定的功能。在提高效率方面主要是针对市场失灵，政府需要制定相应的政策，规范排污行为，如提供或资助公共物品生产的政策，对外部性行为的内化政策等；在促进公平方面主要是针对市场调节缺陷的弥补，市场调节可以保证效率，市场按照生产要素的供给多少取得报酬，完全按照市场配置的分配方式可能引致分配不均等问题，政府通过税收调整、社会福利或失业补助等市场行为进行调节；在确保稳定方面主要是采用各种手段促进经济健康、持续和稳定的发展，建立和完善各种规章制度，促进依法治国，形成社会发展的良性循环。

政府在促进医疗废弃物回收产业共生网络构建的功能：①规范医疗废弃物回收网络各主体行为，保障医疗废弃物回收安全，政府通过制定规则和管制手段规范医疗机构、回收处理企业、回收利用企业的行为，达到医疗废弃物分类、回收、运输、二次处理和最后处理各环节高效运行。缺乏管制往往导致医疗废物不合理回收、随意丢弃等行为。②促进市场信息传递，在医疗废弃物回收市场存在医疗机构和回收企业信息不对称的问题，在此情形下，劣质回收企业就会乘虚而入，排挤优质企业占据市场，使医疗废弃物得不到规范化处置，发生"劣品逐优品"现象。在此情形下，一方面优质企业要发出信号，传到劣质企业无法提供的信息；另一方面政府通过建立、完善法律、法规，如回收处理企业的资质认定规定，加大对没有资质的回收企业的打击力度，提供医疗废弃物回收的信息等方式，促进市场正确传导信息。③促进医疗废弃物回收市场稳定运行，政府通过税收减免等政策促进社会资本对医疗废弃物回收网络的投入，通过对医疗机构、回收处理企业和回收利用企业的财政补贴，保证医疗废弃物回收的规范实施。

2.3.3 社会文化环境

社会文化环境包括教育、科学、理念、道德、价值观念等，医疗废弃物回收产业共生网络都会受到这些因素的影响，其中公众和媒体的价值观念、创新企业技术革新、第三方服务机构对产业共生网络的形成有积极驱动作用。

公众和媒体更关注环境质量，十九大报告指出我国的主要矛盾已经转化为人民日益增长的美好生活需要和不平衡不充分的发展之间的矛盾，人民日益增长的对美好生活需要也对环境质量提出了更高的要求，媒体也更关注环境问题，监督力度加强，对医疗废弃物的回收也提出了更高的要求，不合理回收现象逐渐减少，促使产业共生网络的形成。

创新企业的技术革新降低了废弃物回收的成本，提高了再生资源的利用率，具体表现为：一方面，通过分类、回收、运输和处理各环节的技术改进、副产品交换、废物综合利用等改革，为企业提供专业的技术支持，降低了医疗废弃物的处理成本，提高了效率，为各共生单元产生更多的经济利益，促进产业共生由理论向实践的转化，推动产业共生网络的形成和不断升级。另一方面，通过大数据、信息分享、数据库等技术支持将各共生单元进行信息管理分析，完成共生企业的有效对接。

第三方服务机构包括环保协会、各类社会团体等。在产业共生形成中的作用为宣传支持、信息共享等。通过对产业共生主体的环保理念宣传，提高各主体的环保和集约利用资源意识，鼓励管理者加入产业共生网络。通过对优质企业产业共生案例的宣传，促成回收处理各共生单元的联系和融合，加强物质流、信息流、资金流和技术流等的交流与合作，驱动共生网络的形成。

2.4　医疗废弃物产业共生网络的运行模式

2.4.1　产业共生网络的运行模式分析

王兆华（2002）提出产业共生网络的运作模式分为 4 种类型：依托型、平等型、嵌套型和虚拟型。张其春、郗永勤（2017）认为城市废弃物资源化共生网络运作模式也是这 4 种类型，指出由于我国城市废弃物资源化共生网络处于形成和发展阶段，其运作模式以依托型与平等型为主。医疗废弃物回收网络作为特殊的产业共生网络，具有一般共生网络的特点，也包括四种类型。

依托型共生网络是指众多中小共生单元依附于一家或几家核心共生单元开展共生活动，是共生网络中最常采用的运行模式，依据核心共生单元的多少可以分为单中心和多中心两种。图 2 - 3、图 2 - 4 分别为单一核心企业和多中心核心企业的运行模式。从图 2 - 3 可以看出单一中心的运行模式中，中小企业对核心企业有很强的依附关系，核心企业处于领导地位，这种配置容易导致利益分配不均，中小企业处于弱势，分得利益较少，且一旦核心企业发生变化都会影响中小企业的正常运行；多中心运作模式的网络相对稳定，中小企业与核心企业间分别建立合作关系，削弱了核心企业的绝对领导权，个别核心企业的变化不会影响中小企业的正常运行。

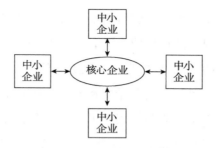

图 2-3   单一中心依托型

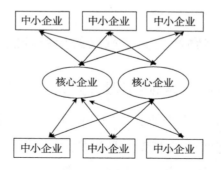

图 2-4   多中心依托型

平等型共生网络是指各共生单元地位平等，没有核心共生单元，不存在依附关系和领导关系，共生单元之间靠利益调节的市场机制运行，各共生单元对共生伙伴的选择较为自由，各共生单元之间联系较弱，这种关系当面临利益不均等问题时，共生关系容易瓦解，同时单个共生企业的失去联结，并不会对整个共生网络造成影响，因此这种网络稳定性较强。同时以纯粹利益为纽带的共生网络容易出现恶性竞争、追求短期

效应、盲目夸张等行为，需要加强管理和监督。（见图 2－5）

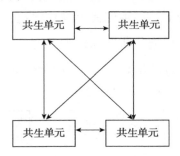

图 2－5　平等型共生网络

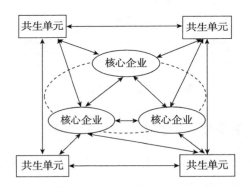

图 2－6　嵌套型共生网络

　　嵌套型共生网络是平等型共生网络和依托型共生网络的融合，由多家核心企业和众多依附企业共同通过信息、技术、资金、知识等的交换、共享形成，同时具有平等型网络和依托型网络的优点，多链结构使中小企业不会因为个别核心企业的环境变迁影响自身运行，增强了网络的稳定性，同时由核心企业领导可以对运行模式进行长期规划，避免了单纯追求利益的短期行为。嵌套型网络的核心企业多属于异质性企业，它们之间可以互相补充，同时对中小企业具有更强的吸附性、凝聚力，提高了网络的能量。（见图 2－6）

　　虚拟型共生网络突破地域限制，共生单元间物质流、资金流、技术流和知识流等都通过大数据、物联网等信息流的交换实现，是自由、开放的网络，信息流得到充分利用。该网络对信息的要求较高，在信息技术越发容易获得的背景下，该种模式更容易实现，但突破地域限制，物质流的实现较为困难，伴随物联网和强大的物流网络，未来虚拟网络会广泛应用。虚拟网络设计到信息技术平台的搭建问题，这个需要核心企业或者政府等主动发起进行。（见图2-7）

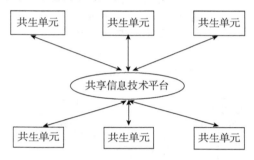

图2-7　虚拟共生网络

2.4.2　医疗废弃物产业共生网络运行分析

医疗废弃物回收网络中的共生单元有核心企业和外围企业，共生单元间的关系不能简单地用四种网络中的某种概况，应该是平等型网络和虚拟网络的结合。处于核心地位的企业内部是嵌套关系，其中回收利用企业和其他利用二次产品的企业间是互相平等地位，核心企业和外围共生单元间的运行模式是虚拟网络模式。目前医疗废弃物回收网络的信息共享平台及信息的透明度不高，虚拟网络没有最终形成，需要政府机构推动信息流、信息技术平台的构建及信息的及时披露，便于虚拟网络的最终形成，虚拟网络的形成会产生很强的外部效应，一方面核心企业间的产业共生行为得到了监督，会减少一些违规操作，如废弃物随意丢弃，买卖等行为；另一方面，在利益的推动下，信息共享为技术创新公司技术创新提供条件，在了解废弃物特点基础上，进行二次利用的技术创新。

2.5　本章小结

本章探讨产业共生医疗废弃物回收网络的构建问题，首先对产业共生网络进行界定，指出产业共生是产业系统内部及产业系统与社会或自然系统之间发生的物理交换过程，交换包括原材料交换、副产品或废弃物等能取得环境和经济效益的产品。探明产业共生的探讨集中于三个方面产业共生的理论探讨、产业共生的实现途径、以具体的城市和地区为例研究产业的实践应用。然后构建了医疗废弃物回收共生网络为以追求生态效益、经济效益和社会效益为共生目标，以医疗废弃物为媒介，共生单元通过物质流、信息流、能量流、技术流的融合协同运行为纽带，实现废弃物的分类、回收、运输、再利用和处理等功能形成的横向与纵向结合的动态网络系统，以达到废弃物减量化、再利用和资源化的目标，追求经济价值的自组织形式和追求生态效益的政府的激励引导行为是共生单元融合协同的动力机制。

其次，对医疗废弃物回收网络结构分析，医疗废弃物回收共生网络结构分析分为构成要素和结构特征，其中构成要素为共生单元、共生模式、共生界面和共生环境，结构特征为规划性、脆弱性、规模经济性和网络虚拟化四个典型特点。再次从资源配置效率、政府行为、社会文化环境三个层面分析了医疗废弃物回收产业共生网络的驱动力，其中资源配置效率从效益的外部性影响市场对资源最优配置角度展开，政府行为从国家宏观政策和政府的推动行为两个层面展开，社会文化环境从公众和媒体的价值观念、创新企业技术革新、第三方服务机构三个方面展开。

最后，剖析了医疗废弃物产业共生网络的运行模式，指出产业共生网络的运作模式分为 4 种类型：依托型、平等型、嵌套型和虚拟型；探明医疗废弃物产业共生网络的运行模式为平等型网络和虚拟网络相结合。指出虚拟网络的最终形成需要政府机构推动信息流、信息技术平台的构建及信息的及时披露。

第3章 医疗废弃物网络产业共生影响因素分析

3.1 社会网络方法的概念与指标

3.1.1 社会网络方法的内涵

社会网络方法是将定性、定量资料和图表数据整合来研究社会结构和社会关系的一种分析方法。该理论认为任何复杂系统都是由行动者及社会关系组成的，并且会在特定的情景中形成特定的网络结构。借助结构性思想、关系数据、图论、数学模型等对行动者之间的关系及结构进行研究，将社会关系的结构形式或行动者之间的关系模式用社会网络来描述，社会网络由多个节点与连接各个节点的连线组成，节点代表真实系统中不同的行动者，如个体、组织或国家均可作为行动者，通过连线来表示不同行动者之间的联结或关系，使分析更加透彻、直接、具体和深入，使行动者看清在特定网络联结模式中所隐含的各种模糊的约束和机会。

3.1.2 社会网络分析的相关概念

行动者（actor）：把社会作为一个复杂的系统，行动者指社会中任何参与生产生活的具体个人、团体、公司或其他单位等。

关系纽带（relational tie）：指行动者之间存在的相互关联、相互依存的关系，如交换关系、合作关系、对抗关系等，在社会网络中用"连线"来表示。

群体（group）：指关系得到测量的所有行动者的集合。

3.1.3　社会网络分析的主要指标

3.1.3.1　网络密度

网络密度是衡量网络内行动者之间关系的紧密程度。网络密度越大，网络中存在的关系越紧密，网络中信息越畅通，行动者之间合作的机会越大。按照网络中的连线是否被赋值，将网络分为无赋值网络和有赋值网络。按照网络是否有向可分为有向网络和无向网络。

3.1.3.2　代理角色

代理角色特指各节点在网络中连接不同子群体的过程中所承担的角色，节点可以分为代理和被代理两大类。根据代理人的角色不同，可分为发言人、圈外协调者、守门人、圈内协调者和联络官五种类型。发言人指群体中的某个节点掌握了从群体内部向外界传出的信息；圈外协调者指一个群体中不同节点的联系需要经过其他群体的特定节点进行，这个特定的节点就称为圈外协调者；守门人指同一群体的某个节点掌握了从其他群体传出的信息；圈内协调者指的是同一群体中不同节点的联系经过群体内部中的另一特定节点，这个特定节点就是圈内协调者；联络官指不同群体节点的联系通过另一个群体的节点进行。

3.1.3.3　节点度

节点度指网络中与某个节点相关联的连线数量。节点度越大表示与该节点关联的连线数量越多，该节点在网络中的地位更重要。有向网络的节点度按照方向不同划分为出度（out – degree）和入度（in – degree）。节点的出度（out – degree）代表从网络节点出发的弧的数量；节点的入度（in – degree）代表从外界进入网络节点的弧的数量。用度差来表示出度和入度的差值。一个节点的度差越大，表明从该节点出发的弧线较多，或者从外界进入该节点的弧线较多，表明此节点对其他节点的影响程度越大。

3.1.3.4 中心性

中心性包括中心势和中心度。中心势以网络中所有节点为研究对象，指整个网络中所有节点之间的差异性程度，体现网络的集中趋势。中心度以网络中的特定节点为研究对象。反映网络中某个特定节点处于网络中心位置的程度，反映网络内行动者获取资源的能力。网络中心性主要形式：点度中心性（degree centrality）、接近中心性（closeness centrality）和中间中心性（between centrality）。

（1）点度中心性（degree centrality）

点度中心性网络分析中用于描绘节点中心性最直接的度量指标，如果社会网络中的某个行动者与其他行动者之间都存在直接联系，那么这个行动者就处在中心地位，其在网络中通常拥有较大的"权力"。点度中心性和节点度不同的是节点度只可以在相同规模的网络下进行比较，点度中心性则可以针对不同规模的网络进行比较。

（2）接近中心性（closeness centrality）

接近中心性（closeness centrality）衡量行动者与网络中所有其他行动者的接近性程度，如果一个点与网络中所有其他点的距离都很短，则该点具有较高接近中心度，当不需要对直接关系进行考察时，接近中心度是一个较有用的指标。

（3）中间中心度（between centrality）

中间中心度（between centrality）测量的是行动者对资源控制的程度。如果一个点处于许多其他点对的捷径（最短的途径）上，则该点具有较高的中间中心度。它起到沟通各个其他点的桥梁作用。意味着该点在多大程度上控制他人之间的交往，如果一个点的中间中心度为 0，则该点不能控制任何行动者，处于网络的边缘；如果一个点的中间中心度在网络中最高，则该点 100% 地控制其他行动者，它处于网络的核心，拥有很大的权力。

3.1.3.5   结构洞

结构洞，网络中某个行动者之间存在直接联系，但与其他行动者之间无直接联系。从网络整体上来看，网络结构似乎出现了"洞"，处于"结构洞"位置的行动者占据着交换资源的重要位置，因而这些行动者更加方便获取信息和支配资源。如图 3-1，在左边的图中，A、B、C、D 四个点之间存在直接联系；右半部分的图中，A 点和 C 点与网络中其他点都存在联系，而 B 点和 D 点彼此之间不存在直接联系，两点之间的联系需要 A 点或 C 点"搭桥"来完成，因此把 A 点和 C 点都看作是处于"结构洞"的位置，它们通常占据着交换资源的重要位置，因此这些行动者更加方便获取信息和支配资源。

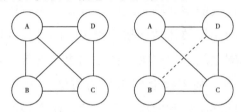

图 3-1   结构洞示意图

医疗废弃物回收产业共生网络的影响因素，不能反映出该因素对回收网络的影响程度及这些因素之间的相互影响关系，而社会网络分析可以分析每个影响因素的影响强弱，及影响因素彼此之间的关系，可以更好地为构建回收共生网络提供决策依据。

3.2   社会网络方法的应用

近年来学者用社会网络方法主要集中在研究环境问题、协同创新和投资问题及城市发展等问题。

3.2.1   碳排放和大气污染等环境污染

研究碳排放和大气污染等环境污染问题的如张德钢、陆远权

（2017）运用社会网络分析方法（SNA）和 QAP 技术，解构了碳排放的空间关联特征，并揭示了碳排放空间关联的主要影响因素，得出上海、天津等东部发达地区处于网络的中心地位，地理因素、地区间经济发展差异以及环境规制差异对碳排放具有正向影响。孙涛、温雪梅（2017）通过政府网站收集了 98 项与大气污染治理直接或间接相关的政策、126 项政府行动为研究对象，运用文本分析法和社会网络分析对京津冀地区大气环境治理政策演变、政策行动和主体关系结构进行实证分析，结果表明政策体系呈现分层多元化特征、激励性制度的使用多于约束性制度、共同策略不足、权威性协调组织缺乏、地方层面合作行动力量不足。杨桂元、吴齐、涂洋（2016）采用网络分析和 QAP 方法对我国省际面板数据进行碳排放的空间网络关联特征及其影响因素探讨，结果表明：我国碳排放空间网络整体结构较为稳定、碳排放的溢出效应具有传递特征、省份之间碳排放的空间关联和溢出更显著等特点。孙亚男、刘华军、刘传明（2016）利用社会网络分析方法（SNA）对我国省际碳排放数据进行空间网络结构和效应实证考察，研究表明：碳排放的空间关联性逐渐增多，网络效率变化趋势呈"V"型等，提出个体网络中心性的提高对减少碳排放强度具有积极作用等建议。

3.2.2　互联网环境下的信息传播

研究互联网环境下的信息传播特点，如刘小平、田晓颖（2018）以新浪微博中的媒体微博为研究对象，采用社会网络理论研究网络的紧密度、传播速度、节点间关系等，为信息的传播进行引导和监督。徐宝达、赵树宽、张健（2017）采用编程、网络爬虫及 Gephi 获取数据和分析处理，对微信公众号信息传播特征进行实证分析，得出微信公众号用户具有多重信息传播的主体属性、信息传播过程具有明显阶段性、信息内容和微信公众号影响力相关性较强。王晰巍、邢云菲、赵丹（2015）采用社会网络分析法研究舆情信息传播路径和传播规律，以新浪微博中雾霾话题的微博数据为例，探讨网络舆情信息传播特点，为网络舆情信息监管提供了决策依据。

3.2.3　产业协同创新和知识创新

戚湧、刘军（2016）采用社会网络分析方法，研究长江经济带高技术产业协同创新网络的联系紧密性，发现东部地区网络主体间联系好于西部和中部。戚湧、刘军（2017）在构建江苏省装备制造企业创新网络，对网络结构特征进行研究，考查网络的紧密度、中间中心度、结构洞理论，研究处于网络不同位置对企业创新能力的影响。葛宝山、崔月慧（2018）从社会网络视角研究创新知识共享过程，提出利用外部社会网络关系来提高知识共享的效率与质量。

3.2.4　投资和城市发展

研究投资问题的如蔡高明、李志斌、王东宇（2017）对中原城市群产业投资数据采用社会网络分析方法，构建城市间投资联系的空间结构评价指标与模型，探讨网络的空间结构特征，表明投资联系存在较为严重的行政分割现象等特点。唐红李、刘嘉意（2018）运用社会网络分析方法（SNA）分析"一带一路"沿线国家对华贸易数据，探讨沿线国家对华贸易空间关联网络结构。

研究城市发展和企业战略问题的如母睿、麦地娜·哈尔山（2018）用社会网络分析方法对147条参与者互动事件，计算乌鲁木齐公共交通与土地利用协调规划网络的各个指标，研究公共交通与土地利用规划与管理部门之间协作机制。沈丽珍、汪侠、甄峰（2017）通过高铁和高速公路的时间距离、城市的百度指数等数据，运用社会网络分析法，计算长三角25个城市的网络密度、中心度、凝聚子群等指标，得出城市网络已初步形成，具有扁平化特点等。韩洁、王量量（2018）采用社会网络方法，研究了城市遗产保护更新与可持续发展的影响因素：政府推动、社会组织合作、居民参与、研究机构引导与平台良性循环之间的关系。沈志锋、焦媛媛、李智慧等（2018）通过社会关系网络动态视角,对案例企业长期跟踪,对网络各指标研究,得出项目选择和组合可促使企业战略调整。

3.3 医疗废弃物产业共生网络影响因素实证研究

3.3.1 影响因素的选取与问卷收集方法

3.3.1.1 调研对象的选取

调研对象的选取,首先通过废弃物管理知识梳理初步确定医疗废弃物产业共生相关联的 6 个利益相关者:政府、医疗机构、回收利用企业、回收处理企业、公众媒体、创新企业,并且提取了 16 个医疗废弃物产业共生的影响因素。其次在对政府相关部门人员、医疗机构人员和回收处理企业人员深度访谈的基础上再新增 6 个影响因素,共 22 个影响因素。

3.3.1.2 影响因素编码

影响因素都用 B#∗ 的形式进行编码,其中"B"代表相关者,"#"代表相关者编号,"∗"代表制约因素编号。例如 B23 表示与第二个利益相关者有关的第三个制约因素,如表 3 - 1 所示。

表 3 - 1 影响因素编码

因素编码	利益相关者	利益相关者编码	影响因素
B11	政府	B1	政府健全的法律
B12			政府监督、检查
B13			主导作用发挥不够
B14			开展示范、推广教育工程
B15			对企业的财政补贴、政策优惠等政策
B16			市场规范化程度
B21	医疗机构	B2	管理者能力、素质
B22			工作人员环保意识

因素编码	利益相关者	利益相关者编码	影响因素
B23			分类、储存规范化
B24			相关生态化培训
B31	回收利用企业	B3	原材料缺乏
B32			企业执行国家标准
B33			与革新企业建立联盟
B34			处理流程规范化
B35			企业坚持循环发展理念
B36			利用信息技术平台实现共生
B41	回收处理企业	B4	技术设备不完善
B42			运营成本高
B43			管理不规范
B51	媒体、公众	B5	环保观念深入
B52			对医疗废弃物回收不了解
B53			监督意识不强

3.3.1.3 问卷收集方法

（1）问卷收集方法

刘军（2017）总结了三种形式收集方法。

1）以行为基础

以行为基础，每张问卷在邻接矩阵中形成一行，如第一个调查对象的问卷为第一行，第二个调查对象的问卷为第二行；矩阵中的每一行有不同的来源。

2）以行和列为基础

以行和列为基础，要求每个调查对象既说出自己给谁提供建议，也指出自己得到谁的建议。

3）一致性方法

记录下每个调查对象的关于网络中两个变量关系。

（2）医疗废弃物回收网络问卷收集的方法

1）调研对象

本书在以行为为基础收集问卷的基础上，采用一致性方法得到变量间关系的邻接矩阵进行分析。本次调查问卷的发放采用纸质问卷和电子邮件两种方式，总共发出问卷 200 份，调研对象为政府工作人员、医疗机构人员、回收处理企业人员、回收利用企业人员、社会公众和媒体共5 类人，每类 40 份。回收有效问卷 178 份，回收率为 89%。

2）问卷收集与处理

问卷收集时采用一致性分析法，该方法是分析结构化的访谈数据的定量化技术或方法。为了测量调研对象在回答问题方面存在多大程度的一致性，通过判断不同被调查者在回答问题的一致性答案后，判断不同调研对象对相关问题的认知水平。首先找专业人员对 22 个因素之间的相关关系进行辨识，划去不相关变量间关系，最后识别出 121 个两两相关的关系。

本研究根据收集到 178 份有效问卷，借助 Ucinet 软件进行一致性分析，具体操作如下：

①将 178 份有效问卷录入到 Ucinet 软件形成"调查对象—得分"矩阵，行代表不同的调查对象，列代表调查对象对问卷问题的回答，数值即是各影响因素之间的关系。该矩阵为 187 行，121 列。

②进行"Tools→Consensus Analysis"操作，在"Input dataset"对话框输入"调查对象—得分"矩阵，可以得出受访者一致性矩阵和分析结果，其中第一大特征根与第二大特征根的比值为 10.89 大于 3，证明问卷收集的数据存在单一的回答模式。

3.3.2　邻接矩阵的设置方法

3.3.2.1　邻接矩阵的表示

对产业共生网络影响因素的分析用邻接矩阵表示，它是用来表示网络中各影响因素间联系程度和相互作用关系的数据方阵，该矩阵的"行"表示产生直接影响的一方，"列"表示受到直接影响的一方，矩阵中的数值表示各个影响因素之间的关联（影响）程度，可以采用彭本红（2016）的 4 级关联度表示，0 表示没有关联，1 表示弱关联，2 表示中等关联，3 表示强关联；也可采用刘军（2017）6 级关联度表示，其中"0"表示不存在直接影响关系，由"1"到"5"表示关联程度从最小到最大。本节采用 4 级关联度的表示方法。即邻接矩阵中的 x_{ij} 满足：

$$X_{ij} = \begin{cases} 1，2，3 \ 如果 \ i \ 影响 \ j \\ 0 \ 如果 \ i \ 不影响 \ j \end{cases}$$

3.3.2.2　具体数据转换与操作

数据输入，邻接矩阵中只需要输入有关系的关系值，如输入数字 1、2 等，输完点 fill 就会把空的自动填上 0。

Excel 数据导入到 ucinet 菜单，里面"Data – Import excellent – Full matrix w/multiple sheets"，在出现的对话框"Excel file to import"选择你要导入的 Excel 表格。

3.3.3　影响因素社会网络模型分析

如表 3 – 2 所示，用 ucinet 菜单中的 Network – Centrality – Multiple measures 来计算个点的四种中心度，进行点度中心性分析、接近中心度分析和中间中心性分析。

3.3.3.1　中心度分析

（1）点度中心性分析

点度中心性分析，根据点度中心性的点入度（InDegree）和点出度（OutDgree）分析各个影响因素的中心性，表明该点具有直接连接或相邻连接的连线数和连接强度。如表 3 – 2 所示，主导作用发挥不够（B13），市场规范化程度（B16），开展示范、推广教育工程（B14）三个影响因素具有较高的点出度，说明这些节点与其他节点关系紧密，对其他节点的影响较大；点出度较低的节点为：与革新企业建立联盟B33、工作人员环保意识B22、技术设备不完善B41，说明这些节点与其他节点联系较少，对其他节点的影响较小。

（2）接近中心度分析

接近中心度是测试一个行动者不受其他行动者控制的能力，根据点与点之间的距离测量接近中心度，如果一个点与网络中所有其他点的"距离"都很短，该点就具有较高的接近中心度，该点就越不依赖于其他点。分为外向接近中心度（outclose）和内向接近中心度（inclose）。

外向接近中心度分析：工作人员环保意识（B22）、与革新企业建立联盟（B33）、技术设备不完善（B41）、监督意识不强（B53）、企业坚持循环发展理念（B35）等这些因素具有较高的外向接近中心度，说明这些因素在信息、资源等输出时受别的点控制较少，独立性较强，不依赖别的点。管理不规范（B43）、主导作用发挥不够（B13）、开展示范、推广教育工程（B14）等因素具有较低的外向接近中心度，说明这些因素在资源输出上的依赖性较强，受别人控制和影响。

内向接近中心度分析，政府健全的法律（B11），政府监督、检查（B12），主导作用发挥不够（B13）等因素具有较高的内向接近中心度，说明这些因素在资源输入上独立性较强，对别的节点依赖性小，自主能力强；企业坚持循环发展理念（B35）、处理流程规范化（B34）、企业执行国家标准（B32）等因素具有较低的内向接近中心度，说明这些因素在资源输入上的依赖性较强，受别人控制和影响。

（3）中间中心性分析

中间中心性测试一个节点是否处于网络中心，具有更大的权力和控制别的节点的能力；如果一个点处于许多其他点对（pair of points）的捷径上，则该点具有较高的中间中心度，一个节点的中间中心度越低，代表该点连接两群体的可能性越小，该点不能控制任何行动者，处于网络的边缘；一个节点的中间中心度越高，代表该点连接两群体的可能性越大，控制其他行动者的能力越强，拥有的权力越大，越处于网络的核心。管理不规范（B43）、企业执行国家标准（B32）、处理流程规范化（B34）这些因素的中间中心性较高，说明这些因素位于其他因素节点的往来枢纽，在网络中处于重要地位，控制资源的能力较强，权力较大。

表 3 - 2　影响因素中心性分析结果

节点	影响因素	outdegree	indegree	outclose	inclose	between
B11	政府健全的法律	15	3	27	47	0.759
B12	政府监督、检查	17	5	25	42	6.081
B13	主导作用发挥不够	21	6	21	41	4.845
B14	开展示范、推广教育工程	18	7	24	37	12.957
B15	对企业财政补贴、政策优惠等	17	7	25	35	13.719
B16	市场规范化程度	19	8	23	34	12.239
B21	管理者能力、素质	12	8	30	34	0.911
B22	工作人员环保意识	5	13	43	29	0.958
B23	分类、储存规范化	7	16	39	27	2.395
B24	相关生态化培训	12	14	30	28	10.959
B31	原材料缺乏	7	14	37	29	10.658
B32	企业执行国家标准	15	17	27	25	35.553
B33	与革新企业建立联盟	5	16	40	26	3.416
B34	处理流程规范化	14	19	29	24	24.228
B35	企业坚持循环发展理念	6	21	39	22	8.829
B36	利用信息技术平台	9	15	33	27	21.556
B41	技术设备不完善	5	16	39	26	6.081
B42	运营成本高	11	12	31	30	12.681
B43	管理不规范	17	13	25	29	36.842
B51	环保观念深入	11	12	33	30	6.107
B52	医疗废弃物回收不了解	6	8	37	35	0.508
B53	监督意识不强	7	6	39	39	1.718

（4）中心性网络图分析

中心性网络图分析，用 ucinet 菜单中的 Visualize – netdraw 进行网络图，根据邻接矩阵，将各因素之间的关联关系绘制成可视化的网络图。从图 3 – 2 可以得出，产业共生网络各影响因素之间的关系，处于网络中心的因素为：主导作用发挥不够（B13），开展示范、推广教育工程（B14），市场规范化程度（B16），企业执行国家标准（B32），处理流程规范化（B34），这些因素的密集度较高，处于核心地位，对整个网络的影响较大，同样处于网络边缘的影响因素对整个网络的影响程度相对较小。

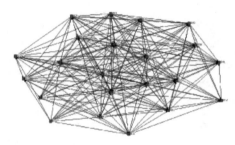

图 3 – 2　影响因素中心性分析网络图

3.3.3.2　产业共生网络影响因素凝聚子群分析

（1）凝聚子群的作用

凝聚子群是整个网络的行动者子集合，集合中的行动者之间具有相对较强、直接、紧密、经常的或者积极的关系。医疗废弃物产业共生网络影响因素的凝聚子群用于揭示和刻画该群体内部子结构状态，探寻网络中凝聚子群的个数以及每个凝聚子群包含哪些影响因素，分析凝聚子群间关系及联接方式，可以从新的维度考察医疗废弃物回收产业共生网络的发展状况。

（2）凝聚子群操作的实现方法

Ucinet 软件中的操作分邻接矩阵为二值或者多值，如果数据是二值的，直接进行 Transform – ＞ Dichotomize，如果是多值的，利用多维量表

Tools – > Scaling/Decomposition – > Metric 或层次聚类 Tools – > Cluster Analyze 进行分析。如果这种做法得到的子群没有提供分析的有效信息，则对于无项网络可以进行点度数基础上的凝聚子群，K 核聚类分析，Network – > Subgroups/Regions – > K – core；对于有项数据，首先进行对称化处理，Transform – > Symmetrizing。

（3）凝聚子群分析

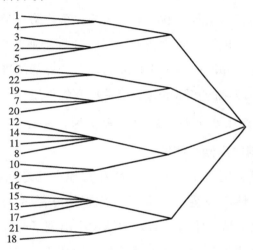

图 3 – 3   影响因素凝聚子群图

四类凝聚子群，本研究网络图 Network – roles & positions – structural – core 直接进行凝聚子群分析。如图 3 – 3 所示，整个影响因素分成了四个凝聚子群，第一个子群为 B11、B14、B13、B12 和 B15，第二个子群为 B16、B53、B43、B21 和 B51，第三个子群为 B32、B34、B31、B22、B24 和 B23，第四个子群为 B36、B35、B33、B41、B52 和 B42。具体和指标对应发现，和政府制度相关的为一个凝聚子群：政府健全的法律，政府监督、检查，主导作用发挥不够，开展示范、推广教育工程，对企业财政补贴、政策优惠等；基本上和医疗机构相关的因素分为第二个凝聚子群，包括：市场规范化程度，管理不规范，监督意识不强，管理者能力、素质，环保观念深入；第三个凝聚子群包括：原材料缺乏，企业执行国家标准，处理流程规范化，工作人员环保意识，分类、储存规范化，相关生态化培训；和回收企业相关的分为第四子群包括：与革新企业建立联盟、企业坚持循环发展理念、利用信息技术平台、技术设备不完善、运营成本高、医疗废弃物回收不了解。

　　三类凝聚子群，进一步对图3-3分析发现，整个影响因素可以分为三大类，第一子群为一类，第二三子群为一类，第四子群为一类。这种分法更直接地表达出各影响因素之间的关系，第一类为政府的政策措施，第二类为医疗机构、回收企业、回收处理企业的产业生态化行为，第三类可以理解为和产业生态化相关的环境、外部的影响因素，这些影响因素对产业生态化的实际也起着至关重要的作用。

　　3.3.3.3　产业共生网络影响因素结构洞分析

　　（1）结构洞的内涵与测度

　　结构洞指社会网络中的某些个体和其他个体之间的关系为直接联系，但与其他个体不发生直接联系，无直接联系或关系间断（disconnection）的现象，从网络整体看好像结构中出现了洞穴。位于结构洞位置的个人和团体成为整个网络中至关重要的环节，如果是个人，这种结构可以给个人带来发展机遇如工资、职务的提高，声誉扩大等，如果是企业，可以带来更多与外界接触的发展机会。

　　结构洞的测度通常包括有效规模（effect size）、限制度（constraint）和个网中心度。有效规模用个体网规模减去网络的冗余度，效率指该点的有效规模和实际规模之比，代表网络的重复程度，值越大代表存在结构洞的可能性越大，值越大越好；限制性表示该点在网络中结构洞能力的限制程度，值越大受到的限制越大，值越小受到的限制越小，存在结构洞的可能性越大，该指标越小越好。个网中心度表明限制度在多大程度上集中在一个行为人上，取值为0到1，中心度越大受到的限制越大。表3-3为影响因素网络的结构洞指标计算结果。

（2）结构洞操作的实现

结构洞操作的实现，用 Network→Ego network→Structual Holes，在弹出交互对话界面中，input 输入准备好的数据矩阵；Method 有两项，如果要进行整体网分析，则选择下拉菜单中的"Whole Network model"；如果要进行个体网分析，则选择"Ego Network model"。

（3）结构洞结构分析

网络有效规模（effect size）：从如表 3－3 所示的结果网络有效规模值最大的三个影响因素分别为政府主导作用发挥、处理流程规范化和政府的示范作用，值分别为 12.292、12.131、11.556。

网络的限制度（constrant）：政府主导作用发挥、处理流程规范化和政府的示范作用三个因素，同样它们网络的限制度也是最小的，分别为 0.187、0.191 和 0.195。处于结构洞位置的影响因素在网络中存在广泛关系，拥有信息优势和控制利益机会，带来更多社会资本。

综合分析，三个因素中的两个都是与政府相关的因素，这也印证了在整个产业网络构建中政府需要发挥主导作用，政府是整个网络的核心，是网络构建的倡导者、引导者和主导者。同时发现企业的处理流程规范化也是至关重要的因素，企业流程规范可以影响到其他网络中的关系如医疗废弃物再利用产品的质量等，因此要严格控制流程。网络有效规模值最小的三个影响因素分别为医疗废弃物回收不了解、工作人员环保意识、监督意识不强，值分别为 6.109、7.125 和 7.655，它们网络的限制度也较大，依次为 0.223、0.224、0.193，这三个指标在网络中受到的限制较多，对政府、医疗机构和企业具有很强的依附关系，这三个影响因素需要限制度弱的指标带动才能得到更好的改善。

表 3－3　影响因素的结构洞分析

节点	影响因素	有效规模	效率	限制性	个网中心度
B11	政府健全的法律	8.146	0.543	0.208	0.081
B12	政府监督、检查	10.071	0.559	0.197	0.063

节点	影响因素	有效规模	效率	限制性	个网中心度
B13	主导作用发挥不够	12.292	0.585	0.187	0.043
B14	开展示范、推广教育工程	11.556	0.578	0.195	0.071
B15	对企业财政补贴、政策优惠等	9.515	0.529	0.212	0.077
B16	市场规范化程度	10.933	0.547	0.199	0.059
B21	管理者能力、素质	9.015	0.53	0.212	0.062
B22	工作人员环保意识	7.125	0.509	0.224	0.076
B23	分类、储存规范化	8.917	0.557	0.209	0.066
B24	相关生态化培训	10.454	0.55	0.208	0.075
B31	原材料缺乏	7.783	0.519	0.216	0.071
B32	企业执行国家标准	11.255	0.563	0.195	0.053
B33	与革新企业建立联盟	9.452	0.525	0.211	0.067
B34	处理流程规范化	12.131	0.578	0.191	0.052
B35	企业坚持循环发展理念	11.093	0.555	0.2	0.072
B36	利用信息技术平台	8.943	0.526	0.206	0.057
B41	技术设备不完善	8.063	0.504	0.212	0.063
B42	运营成本高	8.193	0.512	0.213	0.073
B43	管理不规范	10.678	0.562	0.194	0.05
B51	环保观念深入	10.338	0.574	0.193	0.05
B52	医疗废弃物回收不了解	6.109	0.47	0.223	0.049
B53	监督意识不强	7.655	0.589	0.193	0.025

3.3.3.4 产业共生网络影响因素中间人指数分析

（1）诚实中间人相关指标

网络的部分诚实中间人，如表 3-4 给出了部分诚实中间人指标，其中 Size 表示行为人的中介次数；Pairs 表示联络的关系对数；HBI0 表明中间人所联络的任何两个行为人之间不存在关系，为纯中介关系；HBI2 表明中间人所联络的任何两个行为人之间存在双向关系，为非中介关系。

（2）中间人指数分析

用 Network – ego networks – honest broke – honest broke index 操作，表 3 – 4 结果显示，企业执行国家标准、处理流程规范化、管理不规范三项的 Size 即介次数最多，Pairs 即联络的关系对数最多，且 HBI0 纯中介的对数最多，HBI2 非中介对数也是最多的，因此在网络中为重要中间人，这几个影响因素在整个网络中起着桥梁的作用，它们的好坏影响整个网络的治理效果。同时发现医疗废弃物回收不了解、监督意识不强的各种联系都较少，这些影响因素在整个网络中的重要性相对较小。

表 3 – 4　诚实中间人指数计算结果

节点	影响因素	Size	Pairs	HBI0	HBI2
B11	政府健全的法律	3	3	0	3
B12	政府监督、检查	4	6	0	3
B13	主导作用发挥不够	6	15	2	8
B14	开展示范、推广教育工程	5	10	1	3
B15	对企业财政补贴、政策优惠等	6	15	0	8
B16	市场规范化程度	7	21	3	9
B21	管理者能力、素质	3	3	0	2
B22	工作人员环保意识	4	6	0	5
B23	分类、储存规范化	5	10	1	6
B24	相关生态化培训	7	21	2	11
B31	原材料缺乏	4	6	1	1
B32	企业执行国家标准	12	66	8	20
B33	与革新企业建立联盟	3	3	0	1
B34	处理流程规范化	10	45	10	12
B35	企业坚持循环发展理念	5	10	0	4
B36	利用信息技术平台	7	21	1	6
B41	技术设备不完善	5	10	0	3
B42	运营成本高	7	21	0	9
B43	管理不规范	11	55	6	19
B51	环保观念深入	5	10	1	5

节点	影响因素	Size	Pairs	HBI0	HBI2
B52	医疗废弃物回收不了解	1	0		
B53	监督意识不强	0	0		

3.4 本章小结

医疗废弃物回收网络是一个有众多利益相关者参与的纵横关系构成的网络组织，网络组织中各个协同治理影响因素相互交织、相互作用，因此本章将协同治理影响因素作为网络节点，并将各个影响因素之间的相互关联定义为网络连线，借助社会网络分析方法对医疗废弃物回收产业共生网络协同治理的影响因素展开分析。采用问卷调查法，收集一手资料，构建邻接矩阵，在专家咨询与相关文献的不断比较中，提炼协同治理影响因素，构建医疗废弃物回收网络的产业共生社会网络模型。

构建影响因素社会网络模型，从网络的中心性、结构洞、诚实中间人和凝聚子群等指标进行分析，得出政府主导作用发挥不够（B13）、开展示范、推广教育工程（B14）、市场规范化程度（B16）、企业执行国家标准（B32）、处理流程规范化（B34），这些因素的密集度较高，在网络中占据重要地位；网络结构洞测度的限制度和网络有效规模显示，政府主导作用发挥、处理流程规范化和政府的示范作用三个因素，处于结构洞位置拥有信息优势和控制利益机会；城市中间人分析显示，企业执行国家标准、处理流程规范化、管理不规范三项中介次数最多，联络的关系对数最多，在网络中为重要中间人在整个网络中起着桥梁的作用，它们的好坏影响整个网络的治理效果。凝聚子群分析，把网络分为三类：第一类为政府的政策措施，第二类为医疗机构、回收企业、回收处理企业的产业生态化行为，第三类为和产业生态化相关的环境、外部的影响因素，这些影响因素对产业生态化的实现也起着至关重要的作用。

第4章 医疗废弃物产业共生网络稳定性静态分析

医疗废弃物产业共生网络稳定性不仅与医疗机构和回收企业共生关系的稳定性相关，而且与回收产业链上各合作企业的利益分配公平密切相关。因此探讨产业共生网络的稳定性，应从两个方面进行：第一个方面为从促进资源集约节约利用和可持续发展角度，考虑医疗机构和回收企业共生关系的稳定性；第二个方面为在信息不对称、有限理性条件下，考虑合作企业成本投入、风险承担和价值贡献的基础上，探讨各合作企业利益分配。

4.1 Logistics 共生演化模型构建

4.1.1 医疗机构和废弃物回收利用企业共生模式界定

医疗机构和废弃物回收利用企业之间相互作用的关系可看作生物界种群之间的共生行为，两者为实现经济效益、社会效益、生态效益最大化最终达成共识。医疗机构产生的废弃物作为回收利用企业的重要原料，同样回收企业解决了医疗机构废弃物回收问题，两者相互作用、相互依赖、共同发展。

图 4 -1 医疗机构与回收企业间共生行为模式

4.1.2 模型构建

4.1.2.1 Logistics 共生演化模型的应用

（1）研究创新企业的共生关系

研究创新企业的共生关系如叶斌、陈丽玉（2015）研究区域创新网络的共生演化问题，构建了区域创新网络的竞争与合作共生演化模型，分析共生演化模型的平衡点和其稳定性条件并进行实证仿真，得出区域创新网络中不同创新主体共生作用系数的正负不同，对创新主体的影响不同，具体分析了共生作用系数均为负数、共生作用系数均为正数和共生作用系数为一正一负三种情况对企业的发展潜力的影响；赵坤、郭东强、刘闲月（2017）研究众创式创新网络的共生演化机理，建立共生演化 logistic 模型，结合海创汇数据进行模拟仿真，结果表明，各创新主体之间共生演化的结果与共生作用系数密切相关，为政府制度创新政策提供依据。

（2）研究企业中不同主体和不同性质医院间共生关系

研究企业中产品间共生关系、企业与员工共生关系及不同性质的医院间共生关系等，如孙冰（2017）研究同一企业内软件产品间共生模式，采用 QQ 和微信的 MAU 数据进行分析，探寻两个软件产品间的共生模式和演化规律及共生模式演化的原因。刘满凤、危文朝（2015）采用扩展 logistic 模型研究产业集群生态共生稳定性，描述不同共生关系下的集群内企业的成长状况，提出稳定平衡的条件为企业间必须差异性和协作与竞争并存。马旭军、宗刚（2016）运用 Logistic 模型研究员工和企业共生行为的稳定性，得出员工和企业之间存在寄生型、偏利共生型和互惠共生型三种共生关系。李习平、武淑琴（2016）运用 logistic 模型研究民营医院与公立医院共生模式，探寻医疗卫生资源在两者间的配置状况、两者的运行效率和发展潜力，分析了民营医院和公立医院对彼此产出的贡献状况。

（3）生态化视角出发研究不同主体间共生关系

以生态化视角出发研究不同主体间共生关系，如孙丽文、李跃（2017）应用 Logistic 增长模型研究京津冀区域创新主体间的竞争演化和协同演化并对生态位适宜度评价，分析北京、天津和河北省的生态位适宜度和生态创新活动能力。张群祥、朱程昊、严响研究农户和龙头企业共生模式，采用生态位理论和 Logistic 模型，探讨农户和龙头企业间共生行为模式，阐明农户和龙头企业由竞争共生向互惠共生演化中的共生关系及生态位对双方互惠共生演化的影响。

4.1.2.2　Logistics 共生模型构建

对医疗废弃物共生系统的动态演化过程中内生演化和外生变化，可简化为医疗机构和回收企业医疗废弃物的收益信号，通过描述医疗机构和回收企业医疗废弃物收益变化对系统的演化过程进行诠释。借用 logistics 生物增长模型，来刻画医疗废弃物收益增加与其所处环境自然禀赋约束条件下经历的内外环境变化的演化过程：

$$dx/dt = rx \ (1 - x/N) \tag{4-1}$$

其中，N 代表在各种资源禀赋（包括专业技术、资本和市场规模、原料、劳动力等）制约下医疗机构（或回收企业）废弃物的最大收益规模；r 表示在环境条件理想的状态下医疗机构（或回收企业）的自然增长率；x 为医疗机构（或回收企业）的收益水平，是时间 t 的函数，$(1 - x/N)$ 称为 $Logistic$ 系数，即医疗机构（或回收企业）代表对收益变化的阻滞作用，一般总是趋向于临界规模。

当 $x = 0$ 时，$(1 - x/N)$ 为 1，代表所有的成长资源完全没有被利用，阻滞力最强，此时医疗机构（或回收企业）的收益增长潜力最大。

当 $x = N$ 时，$(1 - x/N)$ 为 0，$dx/dt = 0$，医疗机构（或回收企业）医疗废弃物的收益达到最大值，代表所有的成长资源几乎全部利用起来，此时医疗机构（或回收企业）的收益增长趋近于零。

当 x 由 0 变化到 N 时，$(1 - x/N)$ 由 1 逐渐变化为 0，代表所有的成长资源利用程度越来越高，阻滞力越来越小，此时医疗机构（或回收企业）的收益增长率逐渐趋近于 0，增长潜力减少。

4.1.3　医疗机构与回收企业共生演化模型

方程 4-1 考虑的是医疗机构与回收企业独立发展时的情形，当两个种群相互作用时，每一种群的增长率不仅受到自身种群数量的影响，而且还与另一个种群的数量有关。因此，考虑到医疗机构与回收企业的共生关系，可以得到两者相互作用的共生演化模型如公式 4-2。

$$\frac{dx}{dt} = r_1 x \left(1 - \frac{x}{N_1} + \sigma_{12} \frac{y}{N_2} \right)$$

$$\frac{dy}{dt} = r_2 y \left(1 - \frac{y}{N_2} + \sigma_{21} \frac{x}{N_1} \right) \tag{4-2}$$

将医疗机构与回收企业分别视为不同的自变量来构建二者共生行为的模型。该模型指两者的结合关系，由于存在共同利益，在二者结合的过程中形成一种对共生环境产生积极影响的共生体，且它们将会有一定的利得和损失，结合关系不会改变双方原有的性质和结构。

医疗机构与回收企业在 t 时刻的医疗废弃物收益规模为 $x(t)$ 和 $y(t)$；r_1、r_2 分别为医疗机构与回收企业的收益自然增长率；N_1、N_2 分别是医疗机构与回收企业的最大收益值；$(1-x/N_1)$ 和 $(1-y/N_2)$ 表示医疗机构与回收企业自然饱和度对各自产出水平增长率的阻滞作用，σ_{12} 表示回收企业对医疗机构的共生作用系数；σ_{21} 表示医疗机构对回收企业的共生作用系数，二者遵循 Logistic 模型增长规律，共生关系对双方利益增长相互促进。

4.1.4　医疗机构与回收企业模型稳定性分析

表 4-1　医疗机构和回收企业共生稳定性分析结果

σ_{12} 和 σ_{21} 取值	共生模式	稳定点
$\sigma_{12}=0$，$\sigma_{21}=0$	无共生关系，各自获利	（N1，N2）

续表

σ_{12} 和 σ_{21} 取值	共生模式	稳定点
$\sigma_{12}=0$，$\sigma_{21}>0$	偏利共生，回收企业获利	$(N_1,\ N_2+N_2\sigma_{21})$
$\sigma_{12}>0$，$\sigma_{21}=0$	偏利共生，医疗机构获利	$(N_1+N_1\sigma_{12},\ N_2)$
$\sigma_{12}>0$，$\sigma_{21}>0$	互惠共生关系，双方获利	$\left[\dfrac{N_1\ (1+\sigma_{12})}{1-\sigma_{12}\sigma_{21}},\ \dfrac{N_2\ (1+\sigma_{21})}{1-\sigma_{12}\sigma_{21}}\right]$

（1）无共生关系

无共生关系，当 $\sigma_{12}=0$，$\sigma_{21}=0$ 时，医疗机构和回收企业不存在共生关系。此时双方的收益增长符合 Logistic 模型，稳定平衡状态为 $E_1\ (x，y)\ =\ (N_1，N_2)$，即医疗机构和回收企业的产出规模分别为 N_1 和 N_2。此种情形下，医疗机构和回收企业二者中的一方没有为对方做出贡献，没有新能量产出，表示医疗机构没有把废弃物给回收企业，两者互相没有关系，这种情形在小的医疗机构依然存在，应该坚决杜绝。

（2）偏利共生关系

偏利共生关系，当 $\sigma_{12}=0$，$\sigma_{21}>0$ 或 $\sigma_{12}>0$，$\sigma_{21}=0$，医疗机构和回收企业为偏离共生关系。此时共生行为模式表现为医疗机构和回收企业合作过程当中，其中一方能够从另一方的行为中获取利益，但是另一方则不能获得收益也不会蒙受损失。具体为：

1）当 $\sigma_{12}=0$，$\sigma_{21}>0$ 时，演化模型如下：

$$\frac{dx}{dt}=r_1x\ (1-\frac{x}{N_1})$$

$$\frac{dy}{dt}=r_2y\ (1-\frac{y}{N_2}+\sigma_{21}\frac{x}{N_1}) \qquad (4-3)$$

求解微分方程，得稳定平衡状态为 $E_2\ (x，y)\ =\ (N_1，N_2+N_2\sigma_{21})$，此种情形下，回收企业获得收益较多。

2）当 $\sigma_{12}>0$，$\sigma_{21}=0$ 时，演化模型如下：

$$\frac{dx}{dt}=r_1x\ (1-\frac{x}{N_1}+\sigma_{12}\frac{y}{N_2})$$

$$\frac{dy}{dt} = r_2 y \left(1 - \frac{y}{N_2}\right) \tag{4-4}$$

求解微分方程得，稳定平衡状态为 $E_3(x, y) = (N_1 + N_1\sigma_{12}, N_2)$，此种情形下，医疗机构获得收益较多。

（3）共生关系

当 $\sigma_{12} > 0$，$\sigma_{21} > 0$ 时，医疗机构和回收企业为共生关系。此时共生行为表现为医疗机构和回收企业合作过程中，双方都获取利益。求解微分方程得，稳定平衡状态为 $E_4(x, y) = \left[\frac{N_1(1+\sigma_{12})}{1-\sigma_{12}\sigma_{21}},\right.$ $\left.\frac{N_2(1+\sigma_{21})}{1-\sigma_{12}\sigma_{21}}\right]$，因为 $\sigma_{12} > 0$，$\sigma_{21} > 0$ 且 $\sigma_{12} < 1$，$\sigma_{21} < 1$，所以 $0 < \sigma_{12} < 1$，$0 < \sigma_{21} < 1$，下面具体讨论 σ_{12} 和 σ_{21} 的取值。

1）当 σ_{12} 趋近于 0，σ_{21} 趋近于 1 时，即回收企业对医疗机构的收益贡献小，医疗机构对回收企业的收益贡献大；当 σ_{12} 趋近于 1，σ_{21} 趋近于 0 时，即回收企业对医疗机构的收益贡献大，医疗机构对回收企业的收益贡献小。这两种关系都是非对称共生关系，这种关系短期可能存在，但长期来看是不太稳定的，收益少的一方肯定会采取别的途径提高之间的收益。

2）当 $\sigma_{12} = \sigma_{21}$ 时，医疗机构和回收企业彼此的贡献率相等，这种关系称为对称关系，对双方都有利。这种关系是医疗机构和回收企业之间最理性、最有效、最稳定的共生行为，两者彼此需要，产生新的价值，形成长期可持续发展的稳态。

3）当 σ_{12} 趋近于 0，σ_{21} 趋近于 0 时，双方对彼此的贡献都很小，彼此的依赖程度较低，双方获益也较少，此种关系也不被提倡，应想办法改变，达到双方共赢的稳定状态。

4.2　医疗机构与回收企业共生关系模拟仿真分析

医疗机构与回收企业的合作共生产生更多的价值，通过双方合作进行物流、信息流、技术流的交换，实现了两者收益的增加，在缺乏时间序列数据时，数值模拟是较好的实证方法，为增加该研究的可操作性、实用性和可行性，应在访谈调研的基础上，进行数据模拟仿真。

4.2.1　基本假设

假设医疗机构的最大收益为 $N_1 = 60$ 万，回收企业的收益 $N_2 = 80$ 万，医疗机构初始收益为 20 万，回收企业为 25 万；考虑共生关系需要的时间，结合行业特点，以天为单位进行迭代，经过反复试验，在迭代次数为 600 天时，收益曲线趋于平稳。假设医疗机构的收益增长率为 0.014%，回收企业收益增长率为 0.012%。

4.2.2　模拟仿真分析

（1）无共生关系

无共生关系，采用 MATLAB 软件进行仿真模拟，图 4 − 2 是医疗机构和回收企业无共生关系的演化仿真结果，医疗机构在 300 天左右时达到最大收益 60，回收企业在 500 天左右达到最大收益 80。两个企业没有共生关系。

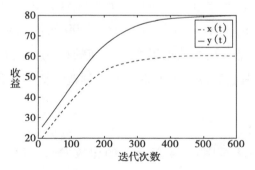

图 4 − 2　无共生关系（$\sigma_{12} = 0$，$\sigma_{21} = 0$）

（2）偏利共生关系

图 4 − 3 假设 $\sigma_{12} = 0.3$、$\sigma_{21} = 0$ 时，两者为偏利共生关系，回收机构对医疗机构的共生作用系数为 0.3，则医疗机构和回收企业偏利共生

关系的演化仿真结果显示，医疗机构在 300 天左右时达到最大收益 80，超过了没有共生关系时的最大值 60，回收企业收益在 500 天左右时收益将为 75，由于医疗机构对回收企业没有共生作用，回收企业只是单方面的付出，导致收益下降。

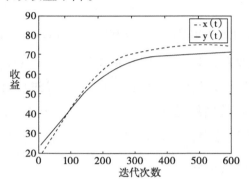

图 4 - 3　偏利共生模式（$\sigma_{12} > 0$，$\sigma_{21} = 0$）

（3）对称共生关系

假设 $\sigma_{12} = 0.5$、$\sigma_{21} = 0.5$ 时，两者对彼此的共生作用系数相同，此时为对称共生关系，则医疗机构和回收企业对称共生关系的演化仿真结果如图 4 - 4 所示，医疗机构在 500 天的时候趋于稳定 118，也远远大于没有共生关系时的 60；同样回收企业在 600 天时达到了收益最大值 160，以后趋于平稳，这个值远远大于最初的最大收益 80。从图可以看出共生关系，特别是对称共生关系给彼此创造了更多的价值，带来了更多的收益。

（4）对比分析

通过对图 4 - 2 至图 4 - 4 三个图的比较发现，医疗机构和回收企业共生演化结果与两者之间的共生作用系数有很大关系，如果两者无合作关系，两者呈低水平共存；如果双方紧密合作进行信息、技术、物质流等的交流与合作的共生关系时，双方共同促进，效益得到了很大的提高，实现了高水平共存现象。这是共生关系中最稳定、最理想的状态。

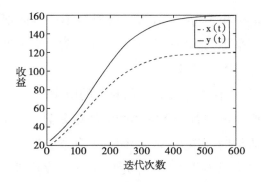

图 4 - 4　对称共生模式（$\sigma_{12} = \sigma_{21}$）

4.3　医疗废弃物产业链利益分配的 Shapely 值法

4.3.1　Shapely 值模型介绍

（1）Shapely 值法的应用

研究碳排放中涉及各方的利益分配问题，如谢晶晶、窦祥胜（2012）引入参与者意愿对传统 Shapely 值方法进行改进，探讨低碳经济博弈中的收益分配问题，研究表明此方法有效解决了低碳经济博弈中的利益冲突问题。2014 年运用网络层次分析法（ANP）和权重向量改进的多权重 Shapley 法对初始碳排放权分配方案和统一碳交易市场建立中利益冲突与博弈的问题具有实际应用价值。

研究项目合作、物流企业合作、居民利益分配问题，如研究项目合作中利益分配与冲突问题，胡丽、张卫国、叶晓甦（2011）为协调 PPP 涉及多方利益主体的利益分配，实现帕累托最优，采用 SHAPELY 修正的利益分配模型，解决公私双方利益冲突问题。如研究物流企业利益分配的，席江月（2015）研究物流企业利益分配的方法，从投入、努力、风险和社会环境四个方面探讨利益分配影响因素，ANP 法和 SD 软件计算各影响因素的权重值，采用修正 Shapley 值计算利益分配方案。探讨城镇居民收入公平问题的，如李莹、吕光明（2017）采用参数回归不平等分解的 Fields 法和 Shapely 值法测度机会不平等问题，探讨努力集和环境集对机会不平等的影响进而对收入不平等的贡献程度，对调控我国城镇收入不平等有重要意义。

（2）Shapely 值法在医疗废弃物回收中的应用

医疗废弃物产业链中各经济主体间的战略联盟本质上就是以利益为基础的合作博弈的契约合作关系。如何保证利益公正、合理的分配，形成"风险共担、利益共享"的均衡机制促进回收产业链的稳定运行，是急需解决的问题。Shapley 值法在共生合作能量产生过程中根据各合作对象的重要程度进行利益分配，与传统的完全平均分配和按照投入产出比例进行分配均有所不同。

4.3.2　经济体利益分配的影响要素

医疗废弃物的回收产业链具有公共物品的性质，政府会对此类行为进行适当的鼓励和补贴，医疗机构和回收企业间也是彼此合作关系，利益的有效、合理分配成为企业间合作的重要因素，分析影响利益分配的因素具有重要意义。通过深入访谈、专家咨询等方法确定医疗废弃物产业链企业间利益分配的依据，即成本投入、风险承担、价值贡献等因素。

（1）成本投入

医疗机构的投入成本。产业共生要求医疗机构对医疗废弃物从产生源头开始控制，要求达到"减量化"的目标，因此医疗机构需要从医疗废弃物的产生、分类和暂存三个环节进行软件、硬件的投入，包括三个环节：第一，按照减量化的目标对废弃物的产生进行控制，在初期选择医疗药品和器械时就要考虑减量化问题，投入人力进行减量化培训和进行相关管理。第二，按照"再利用"的要求对医疗废弃物进行科学的分类，需要购置设施和设备。第三，在暂存处要保证医疗废弃物的储存环节，避免对周围造成污染等方面的投入。

回收企业的投入成本。回收企业负责医疗废弃物的运输和处理环节，为了达到"无害化"处理目标，回收企业需要新的设备、设施和研发、管理等人员的投入。

（2）风险承担

医疗废弃物回收产业链合作的稳定性。医疗机构和回收企业面临内部和外部的经济环境、法律环境、金融市场环境和社会文化环境等一系列的风险，根据风险收益理论，高风险要求高收益，因此承担风险高的企业应该得到更高的利益分配，同时对风险的预防和应对也影响企业间是否能稳定、可持续的合作。

（3）价值贡献

价值贡献分为两个部分，一部分为在产业链合作中的影响力贡献，另一部分为产业生态化的实际贡献。影响力贡献是在余建军（2018）行业领导力和市场领导力的基础上得出，主要指产业链企业中在市场及产业链管理中的贡献，对产业链合作影响力的贡献大小；产业生态化的实际贡献指对产业生态化产生的经济、社会和生态贡献。

4.3.3　修正 Shapely 值的利益分配模型建立

4.3.3.1　传统 Shapely 值法

（1）基本假设

美国运筹学家夏普利于 1953 年采用逻辑建模方法提出此模型，即 n 人合作博弈中 $[I,V]$，参与者 i 从 n 人联盟博弈中获得的收益 $\varphi_i(V)$ 应满足如下基本假设：

1）对称性原则

对称性原则即每个参与者获得的分配与他在集合 $I = \{1, 2, \cdots, n\}$ 中的排列位置没有关系。

2）有效性原则

有效性原则即如果参与者 i 对所参与的任何一个合作都没有贡献，则他分配到的效益为 0，所有的效益都被完全分配出去，

即 $\sum_{i\in I}\varphi_i(V) = V(I)$。

3）可加性原则

可加性原则即 n 个人同时进行两项互不影响的合作，则两项合作的分配互不影响，每人的分配额是两项合作单独进行时分配额之和。

（2）Shapely 值法模型

满足以上假设，则对于任一 n 人合作博弈 $[I，V]$，$Shapely$ 是唯一存在的，$V(s) - V(s\setminus\{i\})$ 表示局中人 i 在联盟 S 的贡献，且

$$\varphi_i(V) = \sum_{i\in s\subseteq I} W(|S|)[V(s) - V(si\})], \quad i=1,2,\cdots,n$$

$$(4-5)$$

其中 | s | 为集合 S 的元素个数，

$$W(|S|) = \frac{(n-|s|)!\,(|s|-1)!}{n!} \qquad (4-6)$$

为局中人 i 在联盟 S 的贡献 $V(s) - V(s\setminus\{i\})$ 的一个加权因素，局中人 i 对所有他可能参加的联盟所做贡献的加权平均就是 Shapely 值。

4.3.3.2　考虑利益分配影响因素的 Shapely 值法

在实际分配中，联盟利益还受其他各种因素影响，如合作企业的影响力、承受的风险等，因此为提高利益分配的合理和公平性，对传统 Shapely 值法进行修正。

Shapely 值法修正因素：

表 4 - 2　利益分配修正因素测度值

	成本投入	风险承担	价值贡献
医疗机构	a_{11}	a_{12}	a_{13}
回收企业	a_{21}	a_{22}	a_{23}

对表 4 - 2 进行归一化处理，即各指标在 0 ~ 1 之间，且每个指标各合作企业和为 1，令

$$b_{ij} = \frac{a_{ij}}{\sum_i^n a_{ij}}, \quad 且 \sum_i^n b_{ij} = 1$$

由于各修正因素对于利益分配的影响程度不同，因此可以借助咨询企业和专家打分法确定各修正因素的权重系数，用 $\lambda = [\lambda_1，\lambda_2，\lambda_3]$ 来表示，则所有修正因素作用下的综合影响系数向量为 M，则 $M = [M_1，M_2，M_3]^T = \lambda^T B$，调整后合作企业 i 获得的利益为：

$$\varphi_i(V)' = \varphi_i(V) + \left(M_i - \frac{1}{n}\right) \times V(s) \qquad (4-7)$$

修正 Shapely 值法充分考虑了合作企业在成本投入、风险承担、价值贡献等各因素上的差异，避免采用平均分配的不合理行为，提高了合作企业利益分配的公平性、客观性和合理性。

4.4　医疗废弃物回收产业链利益分配算例

4.4.1　模型构建

假设某市医疗废弃物回收产业链上企业为医疗机构 A 和回收企业 B，引入产业生态化后成本投入比重为 2∶3，预期总收益为 85 万元，总收益中包括经济效益、社会效益和生态效益，这些收益根据专家评分法折合为可以货币衡量的价值，如果没有形成产业生态化的产业链，则医疗机构 A 和回收企业 B 的收益分别为 23 万元和 45 万元，A、B 企业的风险承担比重为 3∶7。

4.4.2　传统 Shapely 值法利益分配方案

根据传统 Shapely 值法的分配方案，得各企业的利益分配如表 4 - 3 所示。

表 4 - 3　传统 Shapely 值法的医疗机构 A 和回收企业 B 利益分配表

S_A	A	AB	S_B	B	AB
$V(s)$	23	85	$V(s)$	45	85
$V(s\{A\})$（A 以外的利益）	0	45	$V(s\{B\})$	0	23
$V(s) - V(s\{i\})$	23	40	$V(s) - V(s\{i\})$	45	62

S_A	A	AB	S_B	B	AB
$\lvert s \rvert$	1	2	$\lvert s \rvert$	1	2
$(n-\lvert s \rvert)!\,(\lvert s \rvert-1)!$	1	1	$(n-\lvert s \rvert)!\,(\lvert s \rvert-1)!$	1	1
$W(\lvert S \rvert)$	1/2	1/2	$W(\lvert S \rvert)$	1/2	1/2
$\varphi_A(V)$	31.5		$\varphi_B(V)$	53.5	

其中

$$W(\lvert s \rvert_A) = \frac{(n-\lvert s \rvert)!\,(\lvert s \rvert-1)!}{n!} = \frac{(2-1)!\,(1-1)!}{2!} = \frac{1}{2} \quad (4-8)$$

$$W(\lvert s \rvert_{AB}) = \frac{(n-\lvert s \rvert)!\,(\lvert s \rvert-1)!}{n!} = \frac{(2-2)!\,(2-1)!}{2!} = \frac{1}{2} \quad (4-9)$$

$$\varphi_A(V) = \frac{1}{2} \times 23 + \frac{1}{2} \times 40 = 31.5 \quad (4-10)$$

$$\varphi_B(V) = \frac{1}{2} \times 45 + \frac{1}{2} \times 62 = 53.5 \quad (4-11)$$

4.4.3 修正 Shapely 值法利益分配方案

（1）利益分配修正因素的确定

合作双方都尽力实现产业链上利益最大化，根据对企业的调研和专家咨询法，各修正因素的权重系数 λ = ［0.36，0.29，0.35］，结合模型假设条件，利益分配修正因素测度值表如表4-4。

表4-4　利益分配修正因素测度值

	成本投入	风险承担	价值贡献
医疗机构	2	3	23
回收企业	3	7	45

归一化后的修正因素集 B 如表4-5所示：

表 4 – 5   归一化后的修正因素集

	成本投入	风险承担	价值贡献
医疗机构	0.4	0.3	0.34
回收企业	0.6	0.7	0.66

$$M = [M_1, M_2, M_3]^T = \lambda^T B = [0.36, 0.29, 0.35]^T \times \begin{bmatrix} 0.4 & 0.3 & 0.34 \\ 0.6 & 0.7 & 0.66 \end{bmatrix}$$

$$= [0.35, 0.65] \qquad\qquad (4-12)$$

（2）加入测度因子的利益分配

因此在考虑成本投入、风险承担和价值贡献等影响因素的基础上，通过加权平均后得到产业链最终的利益分配方案对合作增加利益的分配，医疗机构和回收企业获得的利益分别为：

$$\varphi_A(V)' = \varphi_A(V) + \left(M_A - \frac{1}{n}\right) \times V(s) = 31.5 + (0.35 - 0.5) \times 85 = 18.75$$

$$(4-13)$$

$$\varphi_B(V)' = \varphi_B(V) + \left(M_B - \frac{1}{n}\right) \times V(s) = 53.5 + (0.65 - 0.5) \times 85 = 66.25$$

$$(4-14)$$

上述结果为产业链上双方合作企业所能获得的最大收益，通过比较发现，在传统 Shapely 值法利益分配方案下双方所得收益比单干时增多，在修正 Shapely 值法利益分配方案中，加入成本投入、风险承担和价值贡献修正因素后的利益，医疗机构比单干时下降了，回收企业比单干时上升了，这是因为在产业链的合作中回收企业在成本投入、风险承担和价值贡献上都高于医疗机构，处于主导企业地位，在产业链运营的各个环节起着关键性作用，该方案考虑了实际的影响因素，因此更科学、更公平、更合理。

4.5　结论建议与讨论

4.5.1　结论建议

（1）logistics共生模型实证分析结论

医疗机构和回收企业建立共生关系，实现资源节约、集约和可持续发展，形成生态环境保护的新格局。不同于别的企业间共生关系，医疗机构和回收企业的共生以医疗废弃物为媒介，共生关系的建立具有很强的外部性，这种关系的建立对彼此可持续发展都具有很好的促进作用。研究结果表明：

①医疗机构和回收企业的无共生关系，对彼此收益没有影响，各自低水平发展。

②医疗机构和回收企业的偏利共生关系，有共生作用的企业发展更好，另一个企业相对较弱。

③医疗机构和回收企业的对称共生关系时，两者紧密融合，互相促进，两者的收益都有很大的提升，是理想的、稳定的状态。

④通过演化仿真的模拟，还可以预测出共生关系需要多长时间可以建立起来，多长时间可以达到稳定状态，这对实际两者共生关系的建立具有重要意义。

（2）Shapely值法相关结论

医疗废弃物回收产业链的稳定性与各合作企业的利益分配公平、合理性有密切关系，要构建产业生态化的产业链需要多方合作，以谋求利益最大化。但在合作过程中，由于信息不对称、有限理性企业导致利益分配不均时有发生。修正Shapely值法利益分配模型在充分考虑了合作企业成本投入、风险承担和价值贡献的基础上，结合企业调研和专家打分的方法，给出各合作企业利益分配方案，并通过实际算例验证了模型的适用性和可行性，表明该模型可以清晰地根据各横向合作企业的投入、贡献和承担风险等给出相应的利益分配最大额，明确了合作企业间利益关系，为产业链的稳定可持续发展提供决策依据。但在实践中，医疗废弃物的回收处理属于半公共物品性质，政府会对产业生态化给予一定的补贴和激励等措施，如何把政府的激励和补偿措施有效地转化为利益的一部分，后续将进一步深入探讨。

（3）建议

1）发挥政府的主导作用

发挥政府的主导作用，由于医疗废弃物回收的特殊性，废弃物的回收对整个社会产生正的外部性作用，对企业自身需要付出更多的成本，因此为了追求利益，这种产业生态化的回收网络很难自发形成，需要政府积极的推动作用，给予政策、制度、法规的约束，同时提供积极的激励或补贴政策，促进产业共生链的形成，在形成的前期必须政府积极引导，给予适当补贴或者政策优惠等。

2）构建医疗机构和回收企业的新型网络共生关系

医疗机构和回收企业演化趋势为新型的网络共生关系，在信息共享和飞速发展时代，医疗机构和回收企业要建立长期稳定的合作关系，只靠物质流、技术流和资金流的融合是不够的，长期来看不利于多方面的交流和融合，长期的发展趋势为建立网络发展平台，及时共享信息、技术等加强合作，促进两方稳定、可持续发展。

3）产业共生发展平台开放性要强

医疗机构和回收企业的产业共生发展平台要具有足够的开放性，医疗废弃物的分类、储存、运输和处理等每个环节是否规范操作，对环境的影响作用都很明显。因此医疗机构和回收企业的平台应该具有开放性，数据要及时披露，接受社会公众和媒体的监督，同时也便于大众了解医疗机构和回收企业，形成医疗机构、回收企业和公众媒体和谐相处；同时信息共享还有利于技术创新企业、研发机构及时利用数据进行技术革新和研究，对技术革新企业、研发机构带来便利的同时，如果技术和研究结果应用于废弃物的管理、回收，也会创造更多的价值，达到良性互动。

4.5.2 讨论

（1）仿真变量的选择

在仿真时假设医疗机构和回收企业的自然增长率不变，现实情况是如果双方合作，或者对称共生关系，彼此的增长率也会随之提高，可以通过其他量不变，只改变增长率模拟演化的结果。

（2）演化仿真的工具选择

本节选用了 MATLAB 的解微分方程的 ode 函数进行求解，如果有医疗废弃物和回收企业医疗废弃物收益的相关的数据，可以利用 Matlab（黄定轩等，2017）软件工具箱的 Lsqcurvefit 或者 polyfit 函数，可以做出动态模拟演化曲线，还可以利用系统动力学分析软件 vensim 对最大收益的影响因素作敏感性分析。

（3）Shapely 值法中影响利益分配的因素选择

影响利益分配的因素选择可以再进一步的细化。

4.6 本章小结

本章探讨医疗废弃物回收产业共生网络的静态稳定性，从医疗机构和回收企业建立共生关系的稳定性和医疗废弃物回收产业链上各合作企业的利益分配的公平性两个角度探讨稳定性。

为了实现资源节约、集约和可持续发展，形成生态环境保护的新格局，需要探究医疗机构和回收企业的共生关系。本部分建立了 Logistics 共生演化模型，分析医疗机构和回收企业共生关系的稳定性，两者之间的演化关系分为：无共生关系、偏利共生、对称共生，并借助 MATLAB 软件进行共生关系的模拟仿真，得出无共生关系，对彼此收益没有影响，各自低水平发展；偏利共生关系时，有共生作用的企业发展更好，另一个企业相对较弱；对称共生关系时，两者紧密融合，互相促进，收益都有很大的提升，是理想的、稳定的状态。通过演化仿真的模拟，预测共生关系建立的时间，达到稳定状态需要的时间。

为了实现各合作企业共生关系的稳定性，合作企业间利益的公平分配显得尤为重要，在信息不对称、有限理性企业导致利益分配情形下，采用修正 Shapely 值法利益分配模型在考虑合作企业成本投入、风险承担和价值贡献等测度因子的基础上，给出各合作企业利益分配方案，并通过实际算例验证了模型的适用性和可行性。该模型明确了合作企业间利益关系，为产业链的稳定可持续发展提供决策依据。

第5章　演化博弈的理论基础

5.1　演化博弈模型构建的理论基础

5.1.1　演化博弈理论的提出

博弈论是一门研究策略性决策行为的社会科学分支，传统博弈论的理论基础采用了"完全理性"的假设，但在现实中人们无法满足这种完全理性假设，因此限制了博弈论研究成果的现实应用。演化博弈的诞生由 1973 年生态学家 Maynard Smith 和 Price 提出，他们将生物进化理论与博弈论相结合提出了演化博弈论的基本概念，演化稳定策略（Evolutionarily Stable Strategy，ESS），此后博弈论蓬勃发展起来。生态学家 Taylor & Jonke（1978）在考察生态演化现象时首次提出了演化博弈理论的基本动态概念——复制者动态（Replicator dynamics，也称为模仿者动态），是演化博弈理论的又一次突破性进展。

演化博弈理论来源于生物进化论，在生物进化过程中个体理性是有限的，面对问题时缺乏理性思考和推理能力，常常凭本能的直觉或者学习模仿应对各种状况，需要不断地根据局部环境进行学习与试错，因此均衡状态不可能一次形成，而是通过动态演化的方式达到。它不同于博弈论将重点放在静态均衡和比较静态均衡上，强调的是一种动态的均衡。演化博弈就是基于"有限理性"假设提出的，是把博弈理论分析与动态演化过程结合起来的一种方法，它把博弈论的思想纳入生物演化分析中，揭示了动物群体行为变化的动力学机制。该理论有利于对各种社经济现象进行科学分析、解释和预测，促进了博弈论的发展。

5.1.2　演化博弈理论的应用

目前学者对演化博弈理论应用的探讨集中于两个方面：演化博弈的理论探讨和理论的实践应用。

5.1.2.1　演化博弈的理论探讨

王先甲等（2011）指出了在完全理性假设下以 Nash 为代表的经典博弈论及其纳什均衡解理论的缺陷，从而引入有限理性下的演化博弈论；并提出了演化博弈论的相关应用，最后就演化博弈今后的发展趋势和研究方向给出了评述。黄凯南（2012）认为现代演化经济学的发展与复兴已历经 30 年，经济学中有关演化主题的研究日益增多，未来演化经济学与新古典经济学的互动和交流将更加频繁，演化分析与均衡分析的范式融合将更加紧密。

5.1.2.2　演化博弈理论的实践应用

演化博弈理论的实践应用又可以分为以下几个方面。

（1）演化博弈理论在环境规制、雾霾治理、绿色建筑规模化、突发网络舆论事件和水灾害应急管理中的应用

潘峰等（2014）基于演化博弈理论探讨了地方政府环境规制决策的演化过程，建立了地方政府之间的演化博弈模型，分别研究了未引入约束机制和约束机制下的地方政府环境规制策略及其影响因素，根据复制动态方程得到了地方政府的行为演化规律和演化稳定策略。黄永春等（2015）通过构建新兴大国政府与企业间的演化博弈模型，对达到最优进化稳定状态政府所应采取的策略演化路径进行了分析，发现新兴大国不仅要推动创新要素向企业的集聚，提高企业的研发能力和研发效率，帮助企业开拓国内外市场；还应通过政策来规范企业竞争秩序，降低企

业的赶超风险和失败损失，从而引导企业回归技术赶超。刘佳等
（2016）运用演化博弈理论构建有限理性条件下政府和开发商群体的支
付函数，建立复制动态方程，分析地方政府与开发商群体在绿色建筑规
模化发展方面不断演化博弈的结果。胡振华等（2016）基于演化博弈
的视角探究了跨界流域上下游政府之间的利益均衡及生态补偿机制，发
现地方政府自身演化无法达到最优稳定均衡策略（上游保护、下游补
偿），必须引入上级政府的激励约束机制才能确保实现最优稳定均衡策
略。王欢明等（2017）通过建立中央与地方政府、地方政府与企业的
演化博弈模型，从最佳规制效果和规制强度两个维度构建了双方最佳规
制策略，来分析中央政府制定的系统性激励政策能否有效规避传统环境
规制失灵，发现各地政府在治理雾霾中引入中央政府规制约束，分配治
理成本和提供资金支持，是避免规制失灵的关键。杨志等（2018）运
用演化博弈理论方法，研究突发网络舆论事件中网络舆论传播者与网络
舆论引导者群体策略选择的演化过程，发现政府是网络舆论引导者，政
府不能因过分规避风险，强调自身投入成本的最小化，而要根据网络舆
论演化的不同阶段来选择成本适合的引导方案，达到帕累托最优，实现
社会效益最大化。褚钰（2018）则将演化博弈理论应用到水灾害应急
管理中，建立相应的演化博弈模型，对异质应急主体行为选择——合作
与不合作行为对应急合作达成的演化影响进行分析，发现中央政府加强
监督管理和对不合作主体从重处罚将有利于良好合作秩序的达成。

（2）演化博弈理论在分析企业间关系在住宅建筑创新、城市数据
中心建设、科技信息发布等方面的应用

单英华等（2015）通过演化博弈模型，运用演化博弈理论研究有
限理性下住宅建筑企业间的技术合作创新机理，发现企业合作创新的概
率与技术的收益与成本、创新协同效应正相关，与创新溢出效应负相
关，存在最优的创新超额收益与成本分配比例使企业合作的可能性最大
化，特别是合理的违约成本和政策激励有助于减少机会主义行为。陈卉

馨等（2016）采用演化博弈理论，针对城市数据中心建设的主体分析需求，提出了一种基于演化博弈的城市数据中心建设主体分析模型，对数字城市背景下城市数据中心建设主体进行分析，判断市民、信息化主管部门和信息强势部门之间的均衡点的稳定性，发现基于演化博弈的城市数据中心建设主体分析模型应用效果良好。胡媛等（2016）运用演化博弈理论，建立信息发布者与企业之间的演化博弈模型，通过分析演化稳定策略，发现科技信息发布者和企业之间的策略存在着的影响因素及其内在关联，特别是发布高效信息成本、接收低效信息成本、企业误判概率的制约和高效信息收益的利导，是影响企业科技信息资源优化配置的重要因素，并提出相应策略与建议来促进企业科技信息资源优化配置。岳意定等（2016）基于演化博弈理论和方法，发现有限理性企业双方均采用开放式创新的概率与超额收益及超额收益分配的比率正相关，与研发总成本及成本分担比率负相关，抑制"搭便车"行为或者加大惩罚力度，则有利于企业选择"开放式"创新战略。石喜爱等（2017）基于演化博弈理论构建了信息企业和工业企业选择融合的博弈模型，研究两化融合的内在机理对于推动经济转型升级的意义，发现知识吸收能力、意识水平、市场风险和企业资产等方面对两化融合的影响各不相同，同时还发现必要的惩罚和适当的财政补贴措施有利于推进两化的融合。周柳等（2017）运用演化博弈理论，建立了一个农产品供应商和生产加工商的两级供应链的信息共享动态演化博弈模型，并对系统长期的动态演化过程进行分析，发现农产品供应链上各企业进行信息共享的行为与博弈双方的支付矩阵及初始值有关；信息共享成本和风险越大，信息共享概率越小。张静等（2018）应用演化博弈论对银行与承包商的关系进行演化博弈分析，根据银企关系的动态演化过程图，对如何加强银行与承包商合作进行分析，发现银企双方参与合作的初始成本、承包商收益的增加、承包商付给银行自身收益的比例等参数都将影响银企合作关系的演化，是银企顺利合作的关键因素。

（3）演化博弈理论在金融、创新等领域的实践应用

演化博弈理论在金融领域的应用。刘湘云等（2011）基于演化博弈和复杂性科学分析对金融复杂系统的多层次性、演化的非线性进行了研究，发现金融全球化条件下，金融危机的演化与投资主体、金融市场和政府的行为非理性有很大联系。黄树青等（2014）利用演化博弈理论分析了存款利率市场化进程的不同阶段商业银行的策略选择，并对利率市场化进程中我国商业银行反应策略进行描述性检验，发现我国商业银行中间业务发展有限，利率仍然是主要竞争手段，必须逐步提高利率浮动幅度，防止恶性竞争。李程等（2016）运用演化博弈论的分析方法，对影响商业银行是否实施绿色信贷政策的因素进行分析，发现商业银行是绿色信贷的主体，推动绿色信贷政策可持续实施，应当建立有利于提升商业银行竞争力的激励和约束机制，给予积极实施绿色信贷政策的商业银行更多的财税优惠和信贷支持，并对绿色信贷政策执行不力的商业银行加大处罚力度。刘伟等（2017）运用演化博弈理论研究了互联网金融平台行为及监管策略的博弈演化过程，系统考察了互联网金融平台行为及监管博弈过程的影响因素，发现实施动态惩罚机制和提高最重惩罚度上限，能够提高互联网金融平台的"自律"行为策略的概率。赵泽斌等（2018）在演化博弈分析中引入前景理论和风险感知因素，通过前景价值和权重函数对传统支付矩阵参数进行修正，分析双方风险管理策略选择过程和演化结果的稳定条件，从风险感知角度诠释双方的行为倾向原因和稳定策略，分析不同参数对风险管理行为演化结果的影响。

演化博弈理论在创新领域的应用。李煜华等（2013）运用演化博弈理论，构建了集群内企业和科研院所创新博弈的复制者动态模型，对战略性新兴产业集群创新主体关系和创新方式在创新过程中的动态演化过程进行分析，发现影响战略性新兴产业集群协同创新的重要因素包括协同创新预期收益、协同创新风险和协同创新知识位势，并对此提出相

应的协同创新策略。康健等（2015）基于演化博弈理论，分别对战略性新兴产业与创造型生产性服务业的研发创新博弈，与保障型生产性服务业的外包创新博弈进行理论推演，发现提高参与协同创新的企业比例是提升战略性新兴产业与生产性服务业协同创新水平的重要途径，战略性新兴产业与创造型生产性服务业所进行的协同研发创新对于提升其协同度水平具有更大的促进作用。张健等（2017）应用演化博弈理论，分析了有限理性下政府、企业和高校（科研机构）之间的博弈行为，探讨演化路径、稳定均衡策略及其影响因素的作用机理，发现充分发挥政府的主导作用，并建立有效的企业和高校（科研机构）的协同机制，能够有效地促进协同创新系统向帕累托最优方向演化。王小杨等（2018）通过建立基于产业技术创新联盟的多人、多策略的模型，应用演化博弈理论分析产学研合作，发现合作与收益成正相关，与成本支出成负相关；在惩罚机制或奖励机制下，均能激发更多的合作，合作水平与惩罚和奖励的力度正相关，但不论在何种绩效机制下，合作的水平均与联盟中的参与成员的个数成反比。

5.1.3 演化博弈理论的基本推理

5.1.3.1 演化博弈建立的基本假设为有限理性

演化博弈的基本假设为有限理性，谢识予（2002）认为有限理性包括以下两个方面：

博弈方可能会采用任何策，即存在部分博弈方不采用完全理性博弈的最优均衡策略，博弈方在考虑采用哪种策略时不一定能找到最优策略，故纳什均衡对博弈方来说不是最重要的，也不一定是最终博弈双方采用的策略。

博弈方通过在反复博弈中不断学习、模仿、试错，逐渐发现较好的策略，有限理性博弈的均衡是不断调整和改进得到的，不是一次性选择的结果，即便达到了均衡也可能会再次偏离。

5.1.3.2 演化博弈的特征与条件

演化博弈理论具有下列特征：研究对象是随着时间变化的某一群体，探索这一群体演化的动态过程，并解释为何群体达到某一状态及如何达到的。影响群体变化的因素包括随机性的和选择性的，随机性是指具有一定随机性和扰动现象（突变），规律性是指通过演化过程中的选择机制而呈现出来的规律性。演化博弈理论的预测或解释能力在于群体的选择过程，通常群体的选择过程具有一定的惯性，同时这个过程也潜伏着突变的动力，从而不断地产生新变种或新特征。

演化博弈论在经济学领域的应用与其他领域有所不同，演化博弈论中的一些生物进化概念在该领域无法应用，比如性别和交配、染色体和代际等。演化博弈论在经济学领域的应用主要是考虑微观个体在演化的过程中可以学习和模仿其他个体的行为。

演化博弈模型的建立需要满足两个条件：选择（Selection）和突变（Mutation）。选择是指能够获得较高支付的策略将被更多的参与者采用；突变指部分个体以随机的方式选择不同于群体的策略（可能是能够获得高支付的策略，也可能是获得较低支付的策略）。突变也是一种选择，只有好的策略才能生存下来。突变是一种不断试错的过程，也是一种学习与模仿、不断改进的过程。

5.1.3.3 演化博弈的适用性判断

演化博弈模型的判断条件：第一，以参与人群体为研究对象，分析动态的演化过程，解释群体为何达到以及如何达到目前的这一状态；第二，群体的演化既有选择过程也有突变过程；第三，经群体选择下来的行为具有一定的惯性。

演化博弈模型需要在有限理性的条件下，群体进行选择和突变，不断试错、模仿和改进。不满足选择和突变的模型不是演化模型，如 Agiza、Hegazi & Elsadany（2001）等提出了一个动态演化的博弈模型，它在有限理性的企业都采取一定的行为规则（产量调整机制）下研究企

业重复博弈是否可以达到纳什均衡。这个模型虽然研究的是有限理性个
体和动态演化过程,但不属于演化博弈模型,因为没有包含选择和突变
的过程。如果把这个模型作如下修改,便可以看作演化博弈模型:假设
企业有许多不同的行为规则,而采用某些行为规则的企业比那些不采用
这些行为规则的企业获益更大;随着时间的推移,采用这些行为规则的
企业生存下来,而不采用这些行为规则的企业被淘汰。这样修改后的模
型既有选择过程又有突变过程,便成为一个演化博弈模型。

5.2 二群体演化博弈的复制动态方程与稳定策略

演化稳定策略与复制动态方程构成了演化博弈理论两个基本概念,
演化稳定策略表示演化博弈的稳定状态,复制动态方程表示向这种稳定
状态的动态收敛过程,它可以较好地描绘出有限理性个体的群体行为变
化趋势和比较准确地预测个体的群体行为。

5.2.1 二群体对称演化博弈复制动态方程及稳定策略

表 5 – 1 对称博弈的收益矩阵

		博弈方 n	
		采用策略 A	不采用策略 A
博弈方 m	采用策略 A	(R, R)	(P, Q)
	不采用策略 A	(Q, P)	(C, C)

有限理性的复制动态和演化稳定策略是演化博弈论的重要基础,以
2×2 对称博弈为例说明复制动态和进化稳定策略的推演,表 5 – 1 是
2×2 对称博弈的收益支付矩阵。假设在一个大群体中,成员之间随机
两两配对进行博弈,采取策略 A 的博弈方 m 占群体总数的比例为 X,
不采用策略 A 的博弈方 n 占群体总数的比例为 1 – X,博弈方 m 和 n 的
期望收益分别记作 E_1 和 E_2,群体 m 的平均收益为 $\bar{E}$ 则有:

$$E_m^1 = xR + (1-x)\ P \qquad\qquad (5-1)$$

$$E_m^2 = xQ + (1-x)\ C \qquad\qquad (5-2)$$

$$\bar{E} = x\,E_m^1 + (1-x)E_m^2 \qquad\qquad (5-3)$$

群体 m 采用策略 A 的数量增长率为 $E_m^1 - \bar{E}$，t 为时间，因此群体 m 的复制动态方程为：

$$F(x) = \frac{d_x}{d_t} = x(E_m^1 - \bar{E}) = x(1-x)(E_m^1 - E_m^2)$$

$$= x(1-x)\ [\ (P-C)\ + x\ (R-P-Q+C)\ ] \qquad (5-4)$$

令 $\dfrac{d_x}{d_t} = 0$，则多系统的均衡点为：

$$x_1^* = 0,\ x_2^* = 1 \text{ 或者 } x_3^* = \frac{C-P}{R-P-Q+C} \qquad (5-5)$$

其中，x_3^* 可能与 x_1^*、x_2^* 相同，或者是不同点。根据微分方程的"稳定性定理"，只有当 $F(x)' < 0$ 时，该稳定解才是演化稳定策略，因此实际可能只有两个稳定解 x_1^*、x_2^*。

5.2.2　二群体非对称演化博弈复制动态方程及稳定策略

非对称博弈是指有限理性的博弈双方分别来自有差异的群体，分别在两个群体中反复随机抽取一个成员配对进行非对称博弈，博弈的一方仍在本群体内部进行学习和策略模仿，仍然采用复制动态作为策略调整的机制。表 5-2 是 2×2 非对称博弈的收益支付矩阵。

表 5-2　非对称博弈的收益矩阵

		博弈方 n	
		y 采用策略 B	(1-y) 不采用策略 B
博弈方 m	x 采用策略 A	$(a_{11},\ b_{11})$	$(a_{12},\ b_{12})$
	(1-x) 不采用策略 A	$(a_{21},\ b_{21})$	$(a_{22},\ b_{22})$

假设来自一个群体中的博弈方 m 采取策略 A 的比例为 x，采取策略 B 的比例为 1-X，来自另一群体的博弈方 n 采取策略 A 的比例为 y，采

取策略 B 的比例为 $1 - y$，则博弈方 m 采取策略 A、B 的期望收益和群体的平均收益分别为：

$$E_m^1 = y\,a_{11} + (1 - y)\ a_{12} \tag{5-6}$$

$$E_m^2 = y\,a_{21} + (1 - y)a_{22} \tag{5-7}$$

$$\bar{E} = x\,E_m^1 + (1 - x)E_m^2 \tag{5-8}$$

博弈方 m 采用策略 A 的数量增长率为 $E_m^1 - \bar{E}$，t 为时间，因此群体 m 的复制动态方程为：

$$F(x) = \frac{d_x}{d_t} = x(E_m^1 - \bar{E}) = x(1 - x)(E_m^1 - E_m^2)$$

$$= x(1 - x)\left[\ (a_{12} - a_{22})\ + y\ (a_{11} - a_{12} - a_{21} + a_{22})\right] \tag{5-9}$$

同样，博弈方 n 采取策略 A、B 的期望收益和群体的平均收益分别为：

$$E_n^1 = x\,b_{11} + (1 - x)\ b_{12} \tag{5-10}$$

$$E_n^2 = x\,b_{21} + (1 - x)b_{22} \tag{5-11}$$

$$\bar{E} = x\,E_n^1 + (1 - x)E_n^2 \tag{5-12}$$

博弈方 n 采用策略 A、B 的数量增长率为 $E_n^1 - \bar{E}$，t 为时间，因此群体 n 的复制动态方程为：

$$F(y) = \frac{d_y}{d_t} = y(E_n^1 - \bar{E}) = y(1 - y)(E_n^1 - E_n^2)$$

$$= y(1 - y)\left[(b_{21} - b_{22})\ + x(b_{11} - b_{12} - b_{21} + b_{22})\right] \tag{5-13}$$

以"鹰鸽博弈"为例，它是研究动物和人类世界普遍存在的竞争和冲突的问题，"鹰"代表"攻击性"的策略，"鸽"代表"和平型"的策略，给出具体的收益值，分析非对称博弈系统的稳定解和进化稳定策略（殷辉，2014），如表 5-3 是非对称鹰鸽博弈的收益矩阵。

表 5 – 3　博弈收益矩阵

		博弈方 n	
		Y 攻击	(1 – y) 和平
博弈方 m	X 攻击	(–2, –8)	(12, 0)
	(1 – x) 和平	(0, 4)	(8, 2)

带入博弈方 m 复制动态方程：

$$F(x) = \frac{d_x}{d_t} = x(E_m^1 - \bar{E}) = x(1-x)(E_m^1 - E_m^2)$$

$$= x(1-x)\left[(a_{12} - a_{22}) + y(a_{11} - a_{12} - a_{21} + a_{22})\right] \quad (5-14)$$

得到博弈方 m 复制动态方程为：

$$F(x) = \frac{d_x}{d_t} = x(1-x)\left[(a_{12} - a_{22}) + y(a_{11} - a_{12} - a_{21} + a_{22})\right]$$

$$= x(1-x)(4-6y) \quad (5-15)$$

当 $y = 2/3$ 时，$F(x) = 0$ 时，所有 x 都是稳定解，但由于 $F(x)$ 的一阶导数也为 0，因此该种状态下无进化稳定策略；

当 $y > 2/3$ 时，$x^* = 0$ 和 $x^* = 1$ 为稳定解，此时 $F(x)' = (1-x)(4-6y) - x(4-6y)$，因此 $F(0)' = (4-6y) < 0$，$F(1)' = -(4-6y) > 0$，所以 $x^* = 0$ 为进化稳定策略。

当 $y < 2/3$ 时，$x^* = 0$ 和 $x^* = 1$ 为稳定解，此时 $F(0)' = (4-6y) > 0$，$F(1)' = -(4-6y) < 0$，所以 $x^* = 1$ 为进化稳定策略。

带入 n 的复制动态方程：

$$F(y) = \frac{d_y}{d_t} = y(E_n^1 - \bar{E}) = y(1-y)(E_n^1 - E_n^2)$$

$$= y(1-y)\left[(b_{21} - b_{22}) + x(b_{11} - b_{12} - b_{21} + b_{22})\right] \quad (5-16)$$

得到群体 n 的复制动态方程为：

$$F(y) = \frac{d_y}{d_t} = y(1-y)\left[(b_{21} - b_{22}) + x(b_{11} - b_{12} - b_{21} + b_{22})\right]$$

$$= y(1-y)(2-10x) \quad (5-17)$$

当 x = 1/5 时，$F(x) = 0$，所有 y 都是稳定解，但由于 $F(y)$ 的一阶导数也为 0，因此该种状态下无进化稳定策略。

当 x > 1/5 时，$y^* = 0$ 和 $y^* = 1$ 为稳定解，此时 $F(y)' = (1-y)(2-10x) - y(2-10x)$，因此 $F(0)' = (2-10x) < 0$，$F(1)' = -(2-10x) > 0$，所以 $y^* = 0$ 为进化稳定策略。

当 x < 1/5 时，$y^* = 0$ 和 $y^* = 1$ 为稳定解，此时 $F(0)' = (2-10x) > 0$，$F(1)' = -(2-10x) < 0$，所以 $y^* = 1$ 为进化稳定策略。

以两群体 m、n 采用不同策略的比例 X 和 Y 为坐标，图 5 - 1 描述了鹰鸽博弈的动态演化过程。

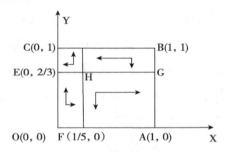

图 5 - 1   动态演化路径图

有限理性的博弈双方经过长期不断的学习、模仿、试错和调整，大部分会收敛于 HFAG 区域，最后博弈系统的进化稳定策略为图 5 - 1 中的 A 点，$x^* = 1$ 和 $y^* = 0$，即博弈方 m 的群体会采用强硬的"进攻"策略，而博弈方 n 的群体会采用保守的"和平"策略。

5.3   三群体演化博弈的复制动态方程与稳定策略

5.3.1   李雅普诺夫稳定性

（1）概念提出

俄国数学家和力学家 A. M. 李雅普诺夫 1892 年创立了用于分析系统稳定性的理论。在自动控制领域中，李雅普诺夫稳定性（Lyapunov stability，或李亚普诺夫稳定性）用来描述一个动力系统的稳定性。如果此动力系统任何初始条件在平衡态附近的轨迹均能维持在平衡态附近，那么可以称为在该处李雅普诺夫稳定。

（2）李雅普诺夫稳定的判定

李雅普诺夫稳定性指对系统平衡状态为稳定或不稳定规定的标准。主要涉及稳定、渐近稳定、大范围渐近稳定和不稳定。稳定性用在线性及非线性的系统中。线性系统的稳定性可由其他方式求得，因此李雅普诺夫稳定性多半用来分析非线性系统的稳定性。若任何初始条件在平衡态附近的轨迹最后都趋近，那么该系统可以称为在该处渐近稳定。指数稳定可用来保证系统最小的衰减速率，也可以估计轨迹收敛的快慢。

平衡状态的稳定性即系统在平衡状态邻域的局部的（小范围）动态行为。线性系统即只有一个平衡状态，平衡状态的稳定性能够表征整个系统的稳定性。非线性系统即有多个平衡状态，且稳定性不同，需要结合初始条件考虑系统的稳定性。

（3）李雅普诺夫稳定的两种方法

李雅普诺夫稳定性理论同时适用于分析线性系统和非线性系统、定常系统和时变系统的稳定性，是更为一般的稳定性分析方法。李雅普诺夫稳定性理论包括李雅普诺夫第一方法和第二方法。李雅普诺夫稳定性理论主要指李雅普诺夫第二方法，又称李雅普诺夫直接法。李雅普诺夫第二方法可用于任意阶的系统，运用这一方法可以不必求解系统状态方程而直接判定稳定性。对非线性系统和时变系统，状态方程的求解常常是很困难的，因此李雅普诺夫第二方法就显示出很大的优越性。与第二方法对应的是李雅普诺夫第一方法，又称李雅普诺夫间接法，它是通过研究非线性系统的线性化状态方程的特征值的分布来判定系统稳定性的。

（4）李雅普诺夫稳定的第一方法

李雅普诺夫稳定第一方法是指通过描述非线性系统的线性化状态方

程的特征值分布特点，从而判定系统的稳定性。

线性定常系统满足如下条件：

$$\dot{X} = AX, \quad t \geqslant t_0 \tag{5-18}$$

X_e 渐进稳定的条件为 A 的特征值：$R_e(\lambda_k) < 0$。

李雅普诺夫意义下的稳定满足条件为：

A 的特征值满足 $R_e(\lambda_k) \leqslant 0$ 且 $R_e(\lambda_k) = 0$ 的特征值无重根。

不稳定满足条件为：

A 有一个特征值 $R_e(\lambda_k) > 0$ 或 $R_e(\lambda_k) = 0$ 的特征值无重根。

5.3.2 三群体演化博弈的动态复制系统

三群体 $2 \times 2 \times 2$ 非对称演化的博弈方分别记作 A、B 和 C。它们的策略集分别为 $S_1 = \{A_1, A_2\}$，$S_2 = \{B_1, B_2\}$，$S_3 = \{C_1, C_2\}$。三群体的收益矩阵为如表 5-4 和表 5-5 所示。

表 5-4 C 选择 C_1 策略时三群体演化博弈收益矩阵

博弈方 A		博弈方 B	
		B_1	B_2
博弈方 A	X A_1	(a_{11}, b_{11}, c_{11})	(a_{12}, b_{12}, c_{12})
	$(1-x)$ A_2	(a_{21}, b_{21}, c_{21})	(a_{22}, b_{22}, c_{22})

表 5-5 C 选择 C_2 策略时三群体演化博弈收益矩阵

博弈方 A		博弈方 B	
		B_1	B_2
博弈方 A	X A_1	(a_{31}, b_{31}, c_{31})	(a_{32}, b_{32}, c_{32})
	$(1-x)$ A_2	(a_{41}, b_{41}, c_{41})	(a_{42}, b_{42}, c_{42})

在有限理性条件下，概率表示群体博弈中选取该策略的参与者比例，假设博弈方 A 选择策略 A_1 的概率为 x，博弈方 B 选择策略 B_1 的概率为 y，博弈方 C 选择策略 C_1 的概率为 z，则博弈方 A 选择 A_1 策略的期望收益为 E_{11}，选择 A_2 策略的期望收益为 E_{12}，平均期望收益为 $\bar{E}$，则有：

$$E_{11} = yza_{11} + z(1-y)a_{12} + y(1-z)a_{31} + (1-z)(1-y)a_{32}$$

$$(5-19)$$

$$E_{12} = yza_{21} + z(1-y)a_{22} + y(1-z)a_{41} + (1-z)(1-y)a_{42}$$

$$(5-20)$$

$$\bar{E} = xE_{11} + (1-x)E_{12} \qquad (5-21)$$

构造博弈方 A 行为策略的复制动态方程为：

$$F(x) = \frac{d_x}{d_t} = x(E_{11} - \bar{E}) = x(1-x)(E_{11} - E_{m12}) \qquad (5-22)$$

$$F(x) = x(1-x)\{[(a_{11}-a_{21})-(a_{31}-a_{41})]zy +$$

$$(a_{31}-a_{41})y + [(a_{12}-a_{22})-(a_{32}-a_{42})]z(1-y) + (a_{32}-a_{42})(1-y)\}$$

$$(5-23)$$

同样方法构造博弈方 B、C 行为策略的复制动态方程分别为：

$$G(y) = \frac{d_y}{d_t} = y(1-y)\{[(b_{11}-b_{12})-(b_{31}-b_{32})]zx + (b_{31}-b_{32})x$$

$$+ [(b_{21}-b_{22})-(b_{41}-b_{42})]z(1-x) + (b_{41}-b_{42})(1-x)\}$$

$$(5-24)$$

$$H(z) = \frac{d_z}{d_t} = z(1-z)\{[(c_{11}-c_{31})-(c_{21}-c_{41})]xy + (c_{21}-c_{41})y$$

$$+ [(c_{12}-c_{32})-(c_{22}-c_{42})]x(1-y) + (c_{22}-c_{42})(1-y)\}$$

$$(5-25)$$

5.3.3　演化博弈均衡的渐进稳定性分析

5.3.3.1　雅可比矩阵

在向量微积分中，雅可比矩阵是一阶偏导数以一定方式排列成的矩阵，其行列式称为雅可比行列式。雅可比矩阵的重要性在于它体现了一个可微方程与给出点的最优线性逼近。因此，雅可比矩阵类似于多元函数的导数。本问题的复制动态系统的雅可比行列式如下：

$$J = \begin{vmatrix} \dfrac{\partial F(x)}{\partial x} & \dfrac{\partial F(x)}{\partial y} & \dfrac{\partial F(x)}{\partial z} \\[3mm] \dfrac{\partial G(y)}{\partial x} & \dfrac{\partial G(y)}{\partial y} & \dfrac{\partial G(y)}{\partial z} \\[3mm] \dfrac{\partial H(z)}{\partial x} & \dfrac{\partial H(z)}{\partial y} & \dfrac{\partial H(z)}{\partial z} \end{vmatrix} \qquad (5-26)$$

5.3.3.2　平衡点的渐进稳定性分析

若演化博弈均衡 X 是渐近稳定状态，则 X 满足严格纳什均衡，而严格纳什均衡又是纯策略纳什均衡，因此上述动态复制系统只要讨论 $E_1(0,0,0)$、$E_2(1,0,0)$、$E_3(0,1,0)$、$E_4(0,0,1)$、$E_5(1,1,0)$、$E_6(1,0,1)$、$E_7(0,1,1)$、$E_8(1,1,1)$ 这八个点的渐近稳定性，其他点都是非渐近稳定状态。显然这八个点是该动态复制系统的平衡点，它们分别对应着一个演化博弈均衡。动态复制系统在平衡点 E_1（0，0，0）处的雅可比矩阵为：

$$J = \begin{bmatrix} a_{32} - a_{42} & 0 & 0 \\ 0 & b_{41} - b_{42} & 0 \\ 0 & 0 & c_{22} - c_{42} \end{bmatrix} \qquad (5-27)$$

该矩阵的特征值为：$\lambda_1 = a_{32} - a_{42}$，$\lambda_2 = b_{41} - b_{42}$，$\lambda_3 = c_{22} - c_{42}$。

由李雅普诺夫意义下的稳定满足条件可知，若 A 的特征值满足，$R_e(\lambda_k) \leq 0$ 且 $R_e(\lambda_k) = 0$ 的特征值无重根；不稳定的条件为若 A 有一个特征值 $R_e(\lambda_k) > 0$ 或 $R_e(\lambda_k) = 0$ 的特征值无重根。根据李雅普诺夫第一方法有如下判定：

① 若 $\lambda_1 < 0$，$\lambda_2 < 0$，$\lambda_3 < 0$，即 $a_{32} < a_{42}$，$b_{41} < b_{42}$，$c_{22} < c_{42}$ 时，E_1 为渐近稳定的，此时 E_1 即为汇；

② 若 $\lambda_1 > 0$，$\lambda_2 > 0$，$\lambda_3 > 0$，即 $a_{32} > a_{42}$，$b_{41} > b_{42}$，$c_{22} > c_{42}$ 时，E_1 不稳定，此时 E_1 即为源；

③ 若 λ_1，λ_2，λ_3 为两正值一负值或者两负值一正值时，E_1 为不稳定点，此时由于 λ_1，λ_2，λ_3 中至少存在一正值、一负值，所以 E_1 为

鞍点。

5.3.3.3 其他点的渐进稳定性分析

在点 $E_2(1,0,0)$ 处的雅可比行列式为:

$$J = \begin{bmatrix} a_{42} - a_{32} & 0 & 0 \\ 0 & b_{31} - b_{32} & 0 \\ 0 & 0 & c_{12} - c_{32} \end{bmatrix} \quad (5-28)$$

在 $E_3(0,1,0)$ 处的雅可比行列式为:

$$J = \begin{bmatrix} a_{31} - a_{41} & 0 & 0 \\ 0 & b_{42} - b_{41} & 0 \\ 0 & 0 & c_{21} - c_{41} \end{bmatrix} \quad (5-29)$$

在 $E_4(0,0,1)$ 处的雅可比行列式为:

$$J = \begin{bmatrix} a_{12} - a_{22} & 0 & 0 \\ 0 & b_{21} - b_{22} & 0 \\ 0 & 0 & c_{42} - c_{22} \end{bmatrix} \quad (5-30)$$

在 $E_5(1,1,0)$ 处的雅可比行列式为:

$$J = \begin{bmatrix} a_{41} - a_{31} & 0 & 0 \\ 0 & b_{32} - b_{31} & 0 \\ 0 & 0 & c_{11} - c_{31} \end{bmatrix} \quad (5-31)$$

在 $E_6(1,0,1)$ 处的雅可比行列式为:

$$J = \begin{bmatrix} a_{22} - a_{12} & 0 & 0 \\ 0 & b_{11} - b_{12} & 0 \\ 0 & 0 & c_{32} - c_{12} \end{bmatrix} \quad (5-32)$$

在 $E_7(0,1,1)$ 处的雅可比行列式为:

$$J = \begin{bmatrix} a_{11} - a_{21} & 0 & 0 \\ 0 & b_{22} - b_{21} & 0 \\ 0 & 0 & c_{41} - c_{21} \end{bmatrix} \quad (5-33)$$

在 $E_8(1,1,1)$ 处的雅可比行列式为：

$$J = \begin{bmatrix} a_{21} - a_{11} & 0 & 0 \\ 0 & b_{12} - b_{11} & 0 \\ 0 & 0 & c_{31} - c_{11} \end{bmatrix} \qquad (5-34)$$

这些点渐近稳定性的分析与平衡点渐近稳定性的方法相同，仍根据李雅普诺夫第一方法进行判断，这里不再分析。

5.4　本章小结

本章研究演化博弈的理论基础，主要包括三部分，从演化博弈理论的提出及基本推理、二群体演化博弈和三群体演化博弈的复制动态方程与稳定策略三个方面进行探讨。第一部分主要阐述了演化博弈理论是如何提出的及演化博弈理论的应用和演化博弈的基本假设、使用条件和基本特征等；第二部分分别构建了对称和非对称的二群体演化博弈模型，并求出复制动态方程与稳定策略；第三部分首先给出三群体演化博弈稳定性分析应遵从的条件，即李雅普诺夫稳定性，然后求出三群体演化博弈的动态复制系统，最后探讨演化博弈均衡的渐进稳定性。该研究对演化博弈阐述较为清晰，为演化博弈在医疗废弃物管理方面的应用提供了丰富的理论基础，是重要的理论依据。

第6章 医疗废弃物产业共生网络稳定性 动态演化博弈分析

6.1 产业共生网络的政府与医疗机构演化博弈分析

6.1.1 背景

十九大报告明确提出把"打好污染防治的攻坚战"作为建设小康社会的三大任务之一，要求着力解决突出环境问题，国家"十三五"规划也提出加强有毒化学物质环境和健康风险评估能力建设，坚持绿色发展、可持续发展。随着医疗服务需求的增加，从2005年到2015年全国医疗卫生机构数从882206个增长到983528个，10多年间增长超过了11.49%，医疗废弃物数量也剧增，而医疗废弃物与普通垃圾不同，具有直接或间接感染性、毒性和危害性等特点，携带病菌数量较大，被国际上列为"顶级危险"，被我国列为1号危险垃圾，然而在信息不对称和经济利益的驱动下，医疗机构不会增加成本主动对医疗废弃物进行分类、合理回收等生态化行为，因此政府必须对医疗机构采取激励和惩罚等措施，分析二者在医疗废弃物监管和管理中的策略选择，建立共同参与的医疗废弃物管理机制是保障医疗废弃物产业生态化的重要前提。

废弃物的研究，国内学者主要从城市废弃物、大气污染、电子废弃物和快递废弃物等方面研究，如张其春、郗永勤研究城市废弃物资源化问题，运用复杂系统脆弱性理论研究探寻产业共生网络脆弱化的内涵、影响因素和作用机制；左志平、刘春玲运用演化博弈理论探讨了集群供应链跨链绿色合作与政府管制行为相互作用的关系，得出废弃物再利用的固定投资、原材料采购价格、政府的罚款、监管成本和政府失职的信誉等都是跨链绿色合作的影响因素。潘峰等通过探讨地方政府、排污企业及中央政府的行为演化稳定策略，得出环境规制执行成本、中央政府的处罚额、排污企业的治污成本等都是影响地方政府环境规制策略的因素。杨国忠、刘希探讨了企业绿色技术创新和政府投入的演化博弈模型。彭本红、徐红具体探讨了电子废弃物和快递废弃物回收产业链中多主体的协同演化均衡状态及演化驱动因素。医疗废弃物管理国外研究主要集中在家庭医疗废弃物、医疗机构废弃物和生物医疗废弃物的管理方面，具体研究家庭医疗废弃物管理的如 Barnettitzhaki Z 等探讨了以色列的家庭废弃物处置政策，Rooij R 等通过维亚纳生活固体垃圾分析医疗废弃物的关联性和经济后果。Zazouli M A 等、Tabash M I 等及 Moreira A M 等分别探讨了医疗废弃物产生量的影响因素，干预方案对医务人员医疗废物管理知识、态度和行为的影响及初级医疗卫生保健中心废弃物的诊断评估问题。Achuthan A 等探讨了生物医疗废弃物的识别和分类。

　　综上所述，国内文献关于废弃物生态化的研究较多，但涉及医疗废弃物管理的较少，且都停留在政策、措施层面；国外研究医疗废弃物居多，但偏重医疗废弃物的产生、分类和评估等方面，涉及政府对医疗机构的监督管理问题则少有探讨。尤其是关于我国政府与医疗机构废弃物管理行为决策的影响因素、演化机理和内在动因等少有研究。因此，在考虑产业生态化视角下，基于信息不对称和有限理性，通过演化博弈的方法，研究政府和医疗机构的协同演化机理和策略均衡选择，并通过变换政府惩罚力度、政府监督成本和医疗机构生态化的成本等参数，运用 Matlab 进行模拟仿真，直观反映医疗废弃物管理的演化驱动力和趋势，并在此基础上提出政府监督管理的可操作性措施。

6.1.2 问题描述和模型构建

由于受到信息不对称和环境复杂性等因素影响，政府监管部门和医疗废弃物的产生机构这两个博弈主体都具备有限理性的特点，其中政府指地方政府，其行为策略为监管和不监管；医疗机构主要指医院、卫生防疫保健部门、社区诊所等医疗废弃物的产生机构，其行为策略为对医疗废弃物的管理采取生态化行为和不采取生态化行为。

假设1：政府监管的比例为 x（$0 \leqslant x \leqslant 1$），不监管的比例为 $1-x$；医疗机构采取产业生态化管理的比例为 y（$0 \leqslant y \leqslant 1$），按照原来管理方式的比例为 $1-y$。

假设2：政府选择监管，支出的监管成本为 C_g，政府获得的社会收益为 R_g，因此选择监管的收益为 $R_g - C_{g1}$；政府不选择监管，则不会付出任何成本也不会得到奖励，收益为0。

假设3：医疗机构生态化管理行为指对医疗废弃物进行分类，需要耗费医务人员配备相应的设施，并把医疗废弃物卖给专门的回收机构，促进医疗废弃物的循环利用和无污染处理。医疗机构不采取生态化管理行为的收益为 R_{i1}；采取生态化管理要付出成本为 C_{i1}，如医疗废弃物分类的人力成本、分类的专门垃圾箱的配备、医疗废弃物卖给正规回收机构的收入减少等，医疗机构采取产业生态化管理的收益为 $R_{i1} - C_{i1}$。

假设4：政府监管且发现医疗机构没有采用产业生态化管理，假设政府有 β（$0 \leqslant \beta \leqslant 1$）的可能性检查出医疗机构不采用生态化管理，对其惩罚为 C_{i2}，则政府的收益为 $R_g - C_{g1} + \beta C_{i2}$；医疗机构的收益为 $R_{i1} - \beta C_{i2}$。

假设5：政府不监管，医疗机构没有采取产业生态化管理，则由于环境污染政府需要支付的治理成本为 C_{g2}。

根据以上假设，构建政府与医疗机构演化博弈的收益矩阵，如表6-1所示。

表 6 - 1　政府与医疗机构演化博弈的收益矩阵

		政府	
		监管	不监管
医疗 机构	采取产业生态化	$(R_{i1} - C_{i1}, R_g - C_{g1})$	$(R_{i1} - C_{i1}, 0)$
	不采取产业生态化	$(R_{i1} - \beta C_{i2}, R_g - C_{g1} + \beta C_{i2})$	$(R_{i1}, -C_{g2})$

6.1.3　政府与医疗机构的演化博弈分析

6.1.3.1　政府监管部门的演化博弈复制动态方程

政府监管部门的收益用矩阵Π_g表示为：

$$\Pi_g = \begin{bmatrix} R_g - C_{g1} & 0 \\ R_g - C_{g1} + \beta C_{i2} & -C_{g2} \end{bmatrix} \quad (6-1)$$

则政府选择监管和不监管的期望收益E_g^1、E_g^2及政府的平均收益$\bar{E}_g$分别为：

$$E_g^1 = y(R_g - C_{g1}) + (1-y)(R_g - C_{g1} + \beta C_{i2}) = R_g - C_{g1} + \beta C_{i2} - y\beta C_{i2} \quad (6-2)$$

$$E_g^2 = (1-y)(-C_{g2}) = y C_{g2} - C_{g2} \quad (6-3)$$

$$\bar{E}_g = x E_g^1 + (1-x) E_g^2 \quad (6-4)$$

根据 Malthusian 动态方程，政府监管部门的策略数量增长率为$E_g^1 - \bar{E}_g$，t 为时间，因此政府监管部门的复制动态方程为：

$$F(x) = \frac{dx}{dt} = x(E_g^1 - \bar{E}_g) = x(1-x)(E_g^1 - E_g^2) =$$

$$x(1-x)(R_g - C_{g1} + \beta C_{i2} - y\beta C_{i2} - y C_{g2} + C_{g2}) \quad (6-5)$$

6.1.3.2　医疗机构的演化博弈复制动态方程

医疗机构的收益用矩阵Π_i表示为：

$$\Pi_i = \begin{bmatrix} R_{i1} - C_{i1} & R_{i1} - C_{i1} \\ R_{i1} - \beta C_{i2} & R_{i1} \end{bmatrix} \quad (6-6)$$

则医疗机构选择采用产业生态化管理和不采用的期望收益E_i^1、E_i^2及医疗机构的平均收益$\bar{E}_i$分别为：

$$E_i^1 = x(R_{i1} - C_{i1}) + (1 - x)(R_{i1} - C_{i1}) = R_{i1} - C_{i1} \qquad (6-7)$$

$$E_i^2 = x(R_{i1} - \beta C_{i2}) + (1 - x)R_{i1} = R_{i1} - x\beta C_{i2} \qquad (6-8)$$

$$\bar{E}_i = y E_i^1 + (1 - y)E_i^2 \qquad (6-9)$$

医疗机构的复制动态方程为：

$$F(y) = \frac{dy}{dx} = y(E_i^1 - \bar{E}_i) = y(1 - y)(E_i^1 - E_i^2) = y(1 - y)(x\beta C_{i2} - C_{i1})$$

$$(6-10)$$

6.1.3.3 均衡点及稳定性分析

（1）均衡点

由式（6-5）和式（6-10）可得政府监管部门与医疗机构构成的二维动力系统（I）为：

$$\frac{dx}{dt} = x(1 - x)(R_g - C_{g1} + \beta C_{i2} - y\beta C_{i2} - y C_{g2} + C_{g2})$$

$$\frac{dy}{dx} = y(1 - y)(x\beta C_{i2} - C_{i1}) \qquad (6-11)$$

令$\frac{dx}{dt} = 0$和$\frac{dy}{dx} = 0$可得到系统的五个均衡点分别为（0，0）、（1，0）、（0，1）、（1，1）、(x_0, y_0)，其中$x_0 = \dfrac{C_{i1}}{\beta C_{i2}}$，$y_0 = \dfrac{(R_g - C_{g1} + \beta C_{i2} - y C_{g2} + C_{g2})}{\beta C_{i2}}$。

（2）稳定性条件及参数a_{11}、a_{12}、a_{21}、a_{22}取值

以上复制动态方程求出的5个均衡点不一定是系统的演化稳定策略（Evolutionarily Stable Strategy，ESS），根据Friedman提出的方法，二维动力系统演化稳定性要通过系统的雅可比（Jacobin）矩阵局部稳定性分析导出，必须同时满足下列条件一、条件二才是系统的演化稳定策略。系统的雅可比矩阵用J表示为：

$$J = \begin{bmatrix} \dfrac{\partial F(x)}{\partial x} & \dfrac{\partial F(x)}{\partial y} \\[2mm] \dfrac{\partial F(y)}{\partial x} & \dfrac{\partial F(y)}{\partial y} \end{bmatrix} = \begin{bmatrix} a_{11} & a_{12} \\ a_{21} & a_{22} \end{bmatrix} \qquad (6-12)$$

其中 a_{11}、a_{12}、a_{21}、a_{22} 分别为：

$$a_{11} = (1-2x)(R_g - C_{g1} + \beta C_{i2} - y\beta C_{i2} - y C_{g2} + C_{g2}) \qquad (6-13)$$

$$a_{12} = -x(1-x)\beta C_{i2} \qquad (6-14)$$

$$a_{21} = y(1-y)\beta C_{i2} \qquad (6-15)$$

$$a_{22} = (1-2y)(x\beta C_{i2} - C_{i1}) \qquad (6-16)$$

条件一：$trJ = a_{11} + a_{22} < 0$（迹条件）

条件二：$detJ = \begin{vmatrix} a_{11} & a_{12} \\ a_{21} & a_{22} \end{vmatrix} = a_{11}a_{22} - a_{12}a_{21} > 0$（雅可比行列式 6-2

所示）。

表 6-2   局部均衡处 a_{11}、a_{12}、a_{21}、a_{22} 的取值

均衡点	a_{11}	a_{12}	a_{21}	a_{22}
$(0, 0)$	$R_g - C_{g1} + \beta C_{i2} C_{g2}$	0	0	$-C_{i1}$
$(0, 1)$	$R_g - C_{g1}$	0	0	C_{i1}
$(1, 0)$	$-(R_g - C_{g1} + \beta C_{i2} C_{g2})$	0	0	$\beta C_{i2} - C_{i1}$
$(1, 1)$	$-(R_g - C_{g1})$	0	0	$-(\beta C_{i2} - C_{i1})$
(x_0, y_0)	0	A	B	0

从表 6-2 可以得出，在局部均衡点 (x_0, y_0) 处，$a_{11} + a_{22} = 0$，不满足条件一，因此 (x_0, y_0) 点肯定不是演化稳定策略。所以只需要考虑其他四个局部均衡点的情况。

6.1.3.4   四个局部均衡点处稳定性分析

命题 1：四个局部均衡点要成为稳定策略，需满足 a_{11} 和 a_{22} 同时取负值。

证明：从表 6-2 可以得出，在四个均衡点处都有 a_{12} 为 0 和 a_{21} 为 0，因

此得出$a_{12}a_{21}=0$，由此可以把雅可比行列式的第二个条件$a_{11}a_{22}-a_{12}a_{21}>0$变化为$a_{11}a_{22}>0$，四个局部均衡点要成为演化稳定策略，只需要满足以下条件。

条件a：$trJ=a_{11}+a_{22}<0$（迹条件）

条件b：$a_{11}a_{22}>0$

进一步分析可得，要同时满足条件a、b，需要a_{11}和a_{22}同时为负号。

①在局部均衡点（0，1），演化稳定策略不存在。由命题1结合表6-2可得出，$a_{22}=C_{i1}$，C_{i1}表示医疗机构采取生态产业化管理支付的成本必须为正值，所以有$a_{22}=C_{i1}>0$，不满足a_{11}和a_{22}同时为负值的条件，因此（0，1）不可能是演化稳定策略。只需要分析其他三个局部均衡点。

②当$R_g-C_{g1}+\beta C_{i2}C_{g2}<0$且$\beta C_{i2}-C_{i1}<0$时，系统（I）的演化稳定策略（ESS）为（0，0），如表6-3所示。

表6-3　当$R_g-C_{g1}+\beta C_{i2}C_{g2}<0$且$\beta C_{i2}-C_{i1}>0$时，ESS点分析

均衡点	a_{11}	a_{22}	trJ	$detJ$	稳定性
（0，0）	$R_g-C_{g1}+\beta C_{i2}C_{g2}<0$	$-C_{i1}<0$	—	+	ESS
（0，1）	$R_g-C_{g1}<0$	$C_{i1}>0$	不确定	—	鞍点
（1，0）	$-(R_g-C_{g1}+\beta C_{i2}C_{g2})>0$	$\beta C_{i2}-C_{i1}<0$	不确定	—	鞍点
（1，1）	$-(R_g-C_{g1})>0$	$-(\beta C_{i2}-C_{i1})>0$	+	+	不稳定点

③当$R_g-C_{g1}>0$且$\beta C_{i2}-C_{i1}<0$时，系统（I）的演化稳定策略（ESS）为（1，0），如表6-4所示。

表6-4　当$R_g-C_{g1}>0$且$\beta C_{i2}-C_{i1}<0$时，ESS点分析

均衡点	a_{11}	a_{22}	trJ	$detJ$	稳定性
（0，0）	$R_g-C_{g1}+\beta C_{i2}C_{g2}>0$	$-C_{i1}<0$	不确定	—	鞍点
（0，1）	$R_g-C_{g1}>0$	$C_{i1}>0$	+	+	不稳定点
（1，0）	$-(R_g-C_{g1}+\beta C_{i2}C_{g2})<0$	$\beta C_{i2}-C_{i1}<0$	—	+	ESS
（1，1）	$-(R_g-C_{g1})<0$	$-(\beta C_{i2}-C_{i1})>0$	不确定	—	鞍点

④当$R_g-C_{g1}>0$且$\beta C_{i2}-C_{i1}>0$时，系统（I）的演化稳定策略

（ESS）为（1，1），如表 6 - 5 所示。

表 6 - 5　当 $R_g - C_{g1} > 0$ 且 $\beta C_{i2} - C_{i1} > 0$ 时，ESS 点分析

均衡点	a_{11}	a_{22}	trJ	$detJ$	稳定性
(0, 0)	$R_g - C_{g1} + \beta C_{i2} C_{g2} > 0$	$- C_{i1} < 0$	不确定	—	鞍点
(0, 1)	$R_g - C_{g1} > 0$	$C_{i1} > 0$	+	+	不稳定点
(1, 0)	$- (R_g - C_{g1} + \beta C_{i2} C_{g2}) < 0$	$\beta C_{i2} - C_{i1} > 0$	不确定	—	鞍点
(1, 1)	$- (R_g - C_{g1}) < 0$	$- (\beta C_{i2} - C_{i1}) < 0$	—	+	ESS

6.1.4　演化仿真分析

为了更好地探究在医疗废弃物管理中政府如何监管，医疗机构是否采用生态化管理，两者怎样达到演化稳定均衡状态，用 Matlab 软件对系统的演化趋势进行模拟。

6.1.4.1　情形 1：$R_g - C_{g1} + \beta C_{i2} C_{g2} < 0$ 且 $\beta C_{i2} - C_{i1} < 0$

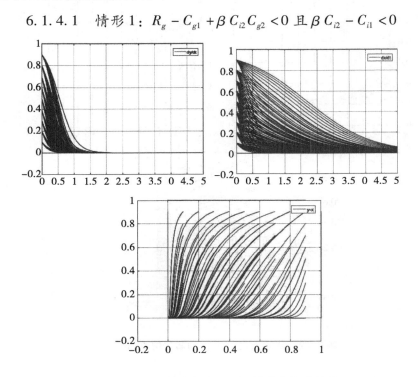

图 6 - 1　稳定点（0，0）的演化仿真结果

对算例进行模拟仿真，在满足此情形条件下，假设 $R_g = 4$，$C_{g1} = 7$，$\beta = 0.4$，$C_{i2} = 5$，$C_{g2} = 4$，$C_{i1} = 6$，则政府与医疗机构的动态演化趋势如图 6 - 1 所示。随着演化迭代步数的增加，政府监管逐渐趋近于 0，如图 6 - 1 的第一个图，医疗机构采用产业生态化管理的比例也逐渐趋近于 0，如图 6 - 1 的第二个图，最后二者互动行为演化的稳定点位 (0, 0)，如图 6 - 1 的第三个图。

当政府监管获得的收益与治理污染的成本积与政府获得监管的社会收益和仍小于政府进行监管的成本时，政府选择不监管；当医疗机构受到的惩罚小于其采取产业生态化管理付出的成本时，医疗机构选择不采取产业生态化管理。演化博弈的结果是两者都不采取行动。

6.1.4.2 情形 2：$R_g - C_{g1} > 0$ 且 $\beta C_{i2} - C_{i1} < 0$

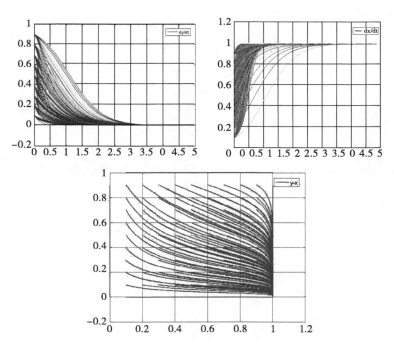

图 6 - 2 稳定点 (1, 0) 的演化仿真结果

对算例进行模拟仿真，在满足此情形条件下，假设 $R_g = 6$，$C_{g1} = 4$，$\beta = 0.8$，$C_{i2} = 5$，$C_{g2} = 8$，$C_{i1} = 6$，则政府与医疗机构的动态演化趋势如图 6-2 所示。随着演化迭代步数的增加，政府监管逐渐趋近于 1，如图 6-2 的第一个图，医疗机构采用产业生态化管理的比例也逐渐趋近于 0，如图 6-2 的第二个图，最后二者互动行为演化的稳定点位 (1，0)，如图 6-2 的第三个图。

当政府监管获得的社会收益大于监管付出的成本时，政府选择监管；当医疗机构受到的惩罚小于其采用产业生态化管理付出的成本时，理性的医疗机构不采用产业生态化管理。最后的动态演化的趋势为政府虽然进行了监管，但对医疗机构的惩罚力度过小，不会产生很强的威慑作用，医疗机构仍然维持原来的管理模式以节省成本。

6.1.4.3　情形 3：$R_g - C_{g1} > 0$ 且 $\beta C_{i2} - C_{i1} > 0$

对算例进行模拟仿真，在满足此情形条件下，假设 $R_g = 6$，$C_{g1} = 4$，$\beta = 0.8$，$C_{i2} = 10$，$C_{g2} = 8$，$C_{i1} = 6$，则政府与医疗机构的动态演化趋势如图 6-3 所示。随着演化迭代步数的增加，政府监管逐渐趋近于 1，如图 6-3 的第一个图，医疗机构采用产业生态化管理的比例在一定时期有趋近于 0 的倾向，但随着迭代步数的增加最终趋近于 1，如图 6-3 的第二个图，与图 6-3 中的第一个图对比发现，政府在时间为 3 个单位时基本趋近于 1，医疗机构在 4 个单位时才趋近于 1，可见医疗机构采取产业生态化的过程是漫长的，同时需要不断加强监管，避免反弹。最后二者互动行为演化的稳定点位 (1，1)，如图 6-3 的第三个图。

当政府监管获得的社会收益大于其监管的成本时，政府选择监管，严格执行监督检查制度；当医疗机构受到的惩罚大于其采取产业生态化管理付出的成本时，医疗机构选择采用产业生态产业化管理。此种情形下，政府的监管与医疗机构的产业生态化措施都得到了充分发挥，二者的结合有效地对医疗废弃物进行了管理，使废弃物的管理达到了最优状态。

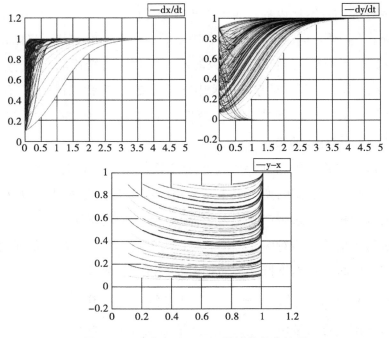

图6-3　稳定点（1，1）的演化仿真结果

6.2　生态化视角下医疗废弃物产业链多主体演化仿真

6.2.1　研究背景

随着经济增长和人民生活水平的提高，对医疗服务的需求量越来越大，医疗废弃物的产生量也急剧猛增。医疗废弃物不同于普通废弃物，携带大量病菌、种类较多，具有感染性、传染性腐蚀性等特点，处理不当会对社会环境和人类健康造成极大威胁。我国自2003年出台《医疗废弃物管理条例》后，为了解决医疗废物管理不规范、处置能力不足以及医疗废物非法收集、利用和处置等问题，2013年又出台了《关于进一步加强医疗废物管理工作的通知》。各省、市都结合实际情况，制定详细的管理规定，如2006年底上海市出台《医疗废物处理环境污染

防治规定》，2011 年江苏省出台《医疗卫生机构医疗废物管理规定》，2013 年北京市出台《医疗废物管理指导意见》。这些政策出台促进了医疗废弃物的规范化管理，但由于利益驱动，仍存在医疗废弃物分类、收集、处置不合理的问题。如：南京市一家废品收购站 2012—2016 年陆续从各大医院非法收购、倒卖医疗废物数 3000 余吨，价值 4000 余万元，部分医疗废弃物经过转手、加工，成为餐具、仿冒知名品牌的塑料玩具等。

2016 年 11 月，国务院印发《"十三五"生态环境保护规划的通知》，提出提高环境质量，加强生态环境综合治理。其中专门提到医疗废弃物安全处置问题，如：建立医疗废弃物协同应急处置机制，改造医疗废弃物焚烧设施，打击废弃物非法买卖行为，落实处置收费制度等。因此，在当前生态化背景下，推进医疗废弃物的安全处置，健全废弃物回收产业链治理机制，厘清产业链上多个利益主体：政府、医疗机构和废弃物处置企业协同演化机理，促进医疗废弃物规范化管理成为亟待解决的问题。

近年来国内学者运用演化博弈方法研究企业碳排放、电子废弃物产业链、大气污染治理、公共服务外包等问题较多，如赵令锐、张骧骧建立了企业的减排行为的演化博弈模型；孙凤鹏、孙晓阳等针对我国经济可持续发展中的碳排放问题，构建了企业、政府和环境 NGO 的三方演化博弈模型；彭本红等研究了电子废弃物回收产业链的系统演化仿真问题；何为等探讨了上级政府考核机制对地方政府和产污企业演化博弈策略稳定性的影响；申亮、王玉燕研究了公共服务外包中的协作机制。但研究医疗废弃物主要集中在处理、焚烧等具体技术和减量化行为等，如陈敏、杨洪彩探讨医疗废弃物消毒处理技术；王天娇等研究了废弃物焚烧中焚烧灰中物质之间的关系；聂丽运用系统动力学的方法研究了农村医疗废弃物的减量化问题。把医疗废弃物回收产业链作为一个整体来研究的文献基本没有。

　　国际上关于医疗废弃物的研究集中于不同类型和不同机构的废弃物的产生、分类和识别等问题。研究不同机构废弃物产生、处理状况的有：Zazouli M A 2014 年调查了伊朗戈尔 8 家医院，包括 3 个教学医院和 5 个非教学医院，采用每周三次调查称重的方法，得出感染性废弃物和一般废弃物的比例等数据，并对教学医院和非教学医疗的医疗废弃物组成进行比较，得出要采取措施减少教学医院的废弃物产生量；Dzek-ashu L G 等研究喀麦隆的昆博东部和西部地区医疗废弃物的处理状况；Ikeda Y 和 Barnettitzhaki Z 通过问卷调查分别研究日本家庭和以色列家庭医疗废弃物的收集率；Komilis D 等研究希腊私人微生物实验室医疗废弃物的产生量和组成成分；JanHarris 研究了非医疗机构医疗废弃物的识别、容器要求、处理和培训问题的规范操作。研究不同类型废弃物的有：Zazouli M A 等研究了生物医疗废弃物的识别与分类方法；Fitria N 等在通过梳理 2006—2016 年文献，研究感染性废弃物产生量及影响因素，把国家分为欧洲国家、亚洲国家和中东国家，并得出亚洲和中东国家感染性废弃物存在处理不当问题，内部因素是主要的影响因素，最后提出可以通过提高感染性废弃物影响的知晓率和法律法规减少其对环境的污染和对工人健康的影响。

　　综上所述，之前的文献及学者研究无论是国内还是国际，均偏重分析微观层面的医疗废弃物产生量、处理方法及减量化等，涉及医疗废弃物回收产业链如何在政府的监管下达到生态化的目标，则少有学者探讨。尤其是用定量方法探究影响回收产业链上多个利益相关者的行为选择关键因素及如何实现整个产业链的稳定演化。

　　本研究运用演化博弈理论，探讨政府、医疗机构和废弃物处理企业在回收产业链生态化过程中行为选择，分析模型的均衡点及稳定性，探究回收产业链上多主体协同演化机理，并用 Matlab 工具对多主体演化趋势进行仿真模拟，在此基础上提出回收产业链生态化的建议。

6.2.2   基本假设和模型构建

6.2.2.1   各参与主体博弈关系分析

医疗废弃物回收产业链的行为主体主要涉及政府、医疗机构和废弃物处理企业 3 个方面，本研究把政府限定为地方政府，医疗机构指产生医疗废弃物的机构如医院、保健中心和社区医疗服务站等，废弃物处理企业指具有资质的正规的企业，兼有医疗废弃物回收和处理功能。假设废弃物专指使用后的各种玻璃（一次性塑料）输液瓶（袋），这类废物回收利用时不能用于原用途，用于其他用途时应符合不危害人体健康的原则。

（1）政府和医疗机构之间的博弈

政府对医疗废弃物回收产业链具有监督、管理的责任，对医疗废弃物管理要加大监督执法力度，因此政府对医疗机构监督主要采用惩罚措施，即如果医疗机构没有通过正规的渠道回收医疗废弃物，就对其进行惩罚，同时政府监管要付出监管成本，但也可以通过监管获得收益，收益包括上级政府环境考核优秀等；医疗机构作为医疗废弃物的产生单位，也是回收产业链的源头，应该对废弃物进行分类，把可回收的废弃物和其他废弃物严格分类，如避免被污染的输液瓶进入回收废品中，此外医疗机构应该把此类废弃物卖给正规的有资质的回收企业，不能为了追求经济利益，卖给一般的废品收购商。

（2）政府和回收企业之间的博弈

政府对回收企业同样具有监督管理的责任，在回收产业链形成初期，企业需要增加回收网点，加大人力、物力等投入，进行产业生态化管理，这些都会增加企业的运营成本，并且这类废物回收利用时不能用于原用途，用于其他用途时应符合不危害人体健康的原则，这些约束都会降低企业的效益，因此政府对企业应该采用补贴的措施，促使企业完善回收网络，促进企业产业生态化管理，营建回收产业链；回收企业的策略为采用环保途径生态化处理废弃物，建立更多的回收网络，便于医疗废弃物回收，但这要耗费更多的时间及人力成本，势必降低经济效益。

（3）医疗机构与回收企业之间的博弈

医疗机构可以选择把废弃物卖给正规的回收企业或者卖给非法经营的商贩，卖给正规回收企业价格低于商贩；回收企业作为医疗废弃物的处理企业，可以选择采取产业生态化处理或者不采用。

6.2.2.2　基本假设

医疗机构可以选择的策略集合为（正规回收途径，非法回收途径），选择正规途径的概率为 x（$0 \leqslant x \leqslant 1$）；回收企业可选择的策略集合为（生态化处理，一般处理方法），选择生态化处理的概率为 y（$0 \leqslant y \leqslant 1$），政府可选择的策略集合为（监管，不监管），选择监管的概率为 z（$0 \leqslant z \leqslant 1$）。演化博弈模型中相关参数假设及含义如表 6-6 所示。

表 6-6　博弈模型参数含义

博弈方	参数	含义
政府	R_g	政府监督受到上级政府考核奖励
	C_g	政府监督付出的成本
	S_g	政府对回收企业生态化管理的补贴
	C_{gi}	政府对医疗机构不合法回收的惩罚
医疗机构	R_i	医疗机构的废弃物通过正规渠道回收收益
	$R_i^{'}$	医疗机构的废弃物通过不正规渠道回收收益
	C_i	医疗机构的废弃物通过正规渠道回收的成本
回收企业	R_e	生态化的回收处理、扩大网点的收益
	$R_e^{'}$	一般回收处理方式、不扩大网点的收益
	C_e	生态化的回收处理、扩大网点的成本

6.2.2.3　三方演化博弈模型构建

根据利益最大化原则，可分别列出政府监管回收产业链和不监管两种情形下的三方博弈支付矩阵，结果如表 6 - 7 和表 6 - 8 所示。每个表格中第一个函数项表示医疗机构的收益，第二个函数项表示回收企业的收益，第三个函数项表示政府的收益。

表 6 - 7　政府采取监管回收产业链（z）情况下三方博弈支付矩阵

医疗机构	回收企业	
	生态化回收处理、扩大网点（y）	一般回收处理、不扩大网点（1 - y）
正规回收途径（x）	$(R_i - C_i,\ R_e - C_e + S_g,\ R_g - C_g - S_g)$	$(R_i - C_i,\ R_e,\ R_g - C_g - S_g)$
非法回收途径（1 - x）	$(\acute{R}_i - C_{gi},\ \acute{R}_e - C_e + S_g,\ R_g - C_g - S_g + C_{gi})$	$(\acute{R}_i - C_{gi},\ \acute{R}_e,\ R_g - C_g + C_{gi})$

表 6 - 8　政府不监管回收产业链（1 - z）情况下三方博弈支付矩阵

医疗机构	回收企业	
	生态化回收处理、扩大网点（y）	一般回收处理、不扩大网点（1 - y）
正规回收途径（x）	$(R_i - C_i,\ R_e - C_e,\ 0)$	$(R_i - C_i,\ R_e,\ 0)$
非法回收途径（1 - x）	$(\acute{R}_i,\ \acute{R}_e - C_e,\ 0)$	$(\acute{R}_i,\ \acute{R}_e,\ 0)$

6.2.3　演化博弈模型分析

6.2.3.1　三方演化博弈的复制动态方程

分别构造医疗机构、回收企业和政府行为策略的复制动态方程。

（1）医疗机构的复制动态方程

假设医疗机构选择正规回收途径的期望收益为 U_{i1}，选择非法途径的收益为 U_{i2}，平均期望收益为 U_i，则有：

$$U_{i1} = yz(R_i - C_i) + z(1 - y)(R_i - C_i) +$$
$$(1 - z)y(R_i - C_i) + (1 - z)(1 - y)(R_i - C_i)$$
$$= R_i - C_i \qquad (6 - 17)$$

$$U_{i2} = yz\,(\acute{R}_i - C_{gi}) + z(1 - y)(\acute{R}_i - C_{gi}) + (1 - z)y\,\acute{R}_i + (1 - z)(1 - y)\acute{R}_i$$
$$= z\,(\acute{R}_i - C_{gi}) + (1 - z)\acute{R}_i$$

$$= \acute{R}_i - z\, C_{gi} \qquad (6-18)$$

$$U_i = x\, U_{i1} + (1-x)U_{i2} = x\,(R_i - C_i) + (1-x)\,(\acute{R}_i - z\, C_{gi})$$
$$(6-19)$$

医疗机构行为策略的复制动态方程为：

$$F(x) = dx/dt = x(U_{i1} - U_i) = x(1-x)(U_{i1} - U_{i2}) =$$
$$x\,(1-x)\,(R_i - C_i - \acute{R}_i + z\, C_{gi}) \qquad (6-20)$$

（2）回收企业的复制动态方程

假设回收企业选择生态化回收处理的期望收益为 U_{e1}，选择一般处理的收益为 U_{e2}，平均期望收益为 U_e，则有：

$$U_{e1} = xz\,(R_e - C_e + S_g) + z\,(1-x)\,(\acute{R}_e - C_e + S_g) + (1-z)\,x\,(R_e - C_e) +$$
$$(1-z)(1-x)\,(\acute{R}_e - C_e) = z\, S_g + x\, R_e + \acute{R}_e - C_e - x\acute{R}_e \quad (6-21)$$

$$U_{e2} = xz\, R_e + z(1-x)\acute{R}_e + (1-z)x\, R_e + (1-z)(1-x)\acute{R}_e$$
$$= x\, R_e + (1-x)\acute{R}_e \qquad (6-22)$$

回收企业行为策略的复制动态方程为：

$$F(y) = dy/dt = y\,(U_{e1} - U_e) = y\,(1-y)\,(U_{e1} - U_{e2}) = y\,(1-y)\,(z\, S_g - C_e)$$
$$(6-23)$$

（3）政府的复制动态方程

假设政府选择监管的期望收益为 U_{g1}，选择一般处理的收益为 U_{g2}，平均期望收益为 U_g，则有：

$$U_{g1} = xy\,(R_g - C_g - S_g) + y(1-x)\,(R_g - C_g - S_g + C_{gi}) +$$
$$(1-y)x(R_g - C_g - S_g) + (1-y)(1-x)\,(R_g - C_g + C_{gi})$$
$$= R_g - C_g + C_{gi} - x\, S_g - x\, C_{gi} - y\,(1-x)\, S_g \qquad (6-24)$$
$$U_{g2} = 0 \qquad (6-25)$$

政府行为策略的复制动态方程为：

$$F(z) = dz/dt = z\,(U_{g1} - U_g) = z\,(1-z)\,(U_{g1} - U_{g2}) =$$
$$z\,(1-z)\,(R_g - C_g + C_{gi} - x\, S_g - x\, C_{gi} - y\,(1-x)\, S_g) \quad (6-26)$$

6.2.3.2   三方演化博弈的均衡点及稳定性分析

当系统策略选择变化率为 0 时，有 $F(x) = 0$，$F(y) = 0$ 和 $F(z) = 0$，可以求得系统的 10 个均衡点，对复制动态系统只需要讨论 E_1（0，0，0）、E_2(1，0，0)、E_3（0，1，0）、E_4（0，0，1）、E_5（1，1，0）、E_6（1，0，1）、E_7（0，1，1）、E_8（1，1，1），这 8 个点的渐进稳定性，其他两个点处于非渐进稳定状态，在这里不再讨论。8 个点的稳定性分析如表 6 - 9 所示。

表 6 - 9   8 个均衡点的稳定性分析

均衡点	满足条件	稳定性
E_1（0，0，0）	$R_g - C_g + C_{gi} < 0$	稳定点
E_2（1，0，0）	不满足条件	不稳定点
E_3（0，1，0）	不满足条件	不稳定点
E_4（0，0，1）	$R_i - C_i < \acute{R_i} - C_{gi}$，$\acute{R_e} - C_e + S_g < \acute{R_e}$，$R_g - C_g + C_{gi} > 0$	稳定点
E_5（1，1，0）	不满足条件	不稳定点
E_6（1，0，1）	$R_i - C_i > \acute{R_i} - C_{gi}$，$R_e - C_e + S_g < R_e$，$R_g - C_g - S_g > 0$	稳定点
E_7（0，1，1）	$R_i - C_i < \acute{R_i} - C_{gi}$，$\acute{R_e} - C_e + S_g > \acute{R_e}$，$R_g - C_g - S_g + C_{gi} > 0$	稳定点
E_8（1，1，1）	$R_i - C_i > \acute{R_i} - C_{gi}$，$R_e - C_e + S_g > R_e$，$R_g - C_g - S_g > 0$	稳定点

①对于 E_1 点，当 $R_i - C_i < \acute{R_i}$，$\acute{R_e} - C_e < \acute{R_e}$，$R_g - C_g + C_{gi} < 0$ 时，该点渐进稳定为汇。

三个条件中，第一个条件表示医疗机构选择正规回收途径的收益与选择非法回收途径的收益比较，显然前者小于后者，因此第一条件成立；第二个条件也是成立的，对于第三个条件若成立，表示政府监管的收益加上惩罚的收益小于监管付出的成本。结合上述分析，得出政府监管的收益加上惩罚的收益小于监管付出的成本时，E_1 为渐进稳定点，即医疗机构选择非法途径回收。

②对于 E_2 点，当 $R_i - C_i > \acute{R_i}$，$R_e - C_e < R_e$，$R_g - C_g - S_g < 0$ 时，该点渐进稳定为汇。三个条件中，第一个条件不成立，因此 E_2 点不可能是汇。

③对于 E_3 点，当 $R_i - C_i < \acute{R_i}$，$\acute{R_e} - C_e > \acute{R_e}$，$R_g - C_g - S_g + C_{gi} < 0$ 时，

该点渐进稳定为汇。三个条件中，第二个条件显著不成立，因此E_3点不可能是汇。

④对于E_4点，当$R_i - C_i < \acute{R}_i - C_{gi}$，$\acute{R}_e - C_e + S_g < \acute{R}_e$，$R_g - C_g + C_{gi} > 0$时，该点渐进稳定为汇。

三个条件中，第一个条件表示医疗机构选择正规回收途径的收益小于非法途径收益，第二个条件表示回收企业接受的补贴小于其生态化付出的成本，第三个条件表示政府监管的收益大于成本。在满足上述三个条件下，E_4点为稳定点，此时医疗机构选择非法回收途径，回收企业选择非生态化处理方式，政府选择监督管理，说明政府虽然尽到了监督的职责，但是监督没有起作用。

⑤对于E_5点，当$R_i - C_i > \acute{R}_i$，$R_e - C_e > R_e$，$R_g - C_g - S_g < 0$时，该点渐进稳定为汇。三个条件中，第一、二个条件都不成立，因此E_5点不是渐进稳定点。

⑥对于E_6点，当$R_i - C_i > \acute{R} - C_{gi}$，$R_e - C_e + S_g < R_e$，$R_g - C_g - S_g > 0$时，该点渐进稳定为汇。

三个条件中，第一个条件表示医疗机构选择正规回收途径的收益大于非法途径收益与政府惩罚之差，第二个条件表示回收企业接受的补贴小于其生态化付出的成本，第三个条件表示政府监管的收益大于监管成本与政府的补贴之和。在满足上述三个条件下，E_6点为稳定点。此时医疗机构选择正规回收途径，回收企业选择非生态化处理方式，政府选择监管。说明在此条件下政府应该加大对医疗机构的惩罚力度，对医疗机构的监管才起作用。同时对回收企业的监管不起作用，是因为补贴力度较小，不足以鼓励企业采取生态化管理。

⑦对于E_7点，当$R_i - C_i < \acute{R}_i - C_{gi}$，$\acute{R}_e - C_e + S_g > \acute{R}_e$，$R_g - C_g - S_g + C_{gi} > 0$时，该点渐进稳定为汇。

三个条件中，第一个条件表示医疗机构选择正规回收途径的收益小于非法途径收益与政府惩罚之差，第二个条件表示回收企业接受的补贴大于其生态化付出的成本，第三个条件表示政府监管的收益大于监管成本。在满足上述三个条件下，E_7 点为稳定点。此时医疗机构选择非法回收途径，回收企业选择生态化处理方式，政府选择监管。说明政府对医疗机构的监管没有起作用，主要因为惩罚的力度较小，应该加大惩罚力度；同时对回收企业的补贴力度较大，促使企业采取生态化管理。

⑧对于 E_8 点，当 $R_i - C_i > \acute{R}_i - C_{gi}$，$R_e - C_e + S_g > R_e$，$R_g - C_g - S_g > 0$ 时，该点渐进稳定为汇。

三个条件中，第一个条件表示医疗机构选择正规回收途径的收益大于非法途径收益与政府惩罚之差，第二个条件表示回收企业接受的补贴大于其生态化付出的成本，第三个条件表示政府监管的收益大于监管成本和补贴之和。在满足上述三个条件下，E_8 点为稳定点。此时医疗机构选择正规回收途径，回收企业选择生态化处理方式，政府选择监管。说明政府监管要发挥作用，要同时加大对医疗机构的惩罚力度和对回收企业的补贴力度。

6.2.4　数值实验及仿真

在理论分析的基础上得出，该博弈的动态复制系统如下：

$$F(x) = dx/dt = x(U_{i1} - U_i) = x(1-x)(U_{i1} - U_{i2})$$

$$= x(1-x)(R_i - C_i - \acute{R}_i + z\,C_{gi}) \qquad (6-27)$$

$$F(y) = dy/dt = y(U_{e1} - U_e) = y(1-y)\ (U_{e1} - U_{e2})\ =$$

$$y\ (1-y)\ (z\,S_g - C_e) \qquad (6-28)$$

$$F(z) = dz/dt = z(U_{g1} - U_g) = z(1-z)(U_{g1} - U_{g2})$$

$$= z(1-z)\ (R_g - C_g + C_{gi} - x\,S_g - x\,C_{gi} - y(1-x)S_g) \qquad (6-29)$$

根据该动态复制系统方程结合约束条件，运用 Matlab 工具对医疗机构、回收企业和政府的交互行为演化过程进行数值仿真。

从表 6-9 得出，8 个点中稳定点只有 5 个，在这 5 个点中点 $E_8(1，1，1)$ 表示医疗机构选择正规回收途径，回收企业选择生态化处理方式，政府选择监管，因此选取该点进行拟合更具有代表性。按照条件 $R_i - C_i > \acute{R}_i - C_{gi}$，$S_g > C_e$，$R_g - C_g - S_g > 0$ 设置各参数，取值分别为 $R_i = 6$，$C_i = 4$，$\acute{R}_i = 9$，$C_{gi} = 8$，$S_g = 5$，$C_e = 4$，$R_g = 9$，$C_g = 2$，$S_g = 5$。仿真结果如下图的二维和三维仿真图所示。图 6 – 4 表示医疗机构的回收策略，随着迭代步数的增加，医疗机构选择正规回收途径所占的比例不断增加，渐进趋近于 1。图 6 – 5 表示回收企业的策略选择，随着迭代步数的增加，回收企业选择生态化处理的比例也不断增加，渐进趋近于 1。图 6 – 6 表示政府的策略选择，随着迭代步数的增加，政府的监管比例也逐渐增加渐进趋近于 1。三个图的对比发现医疗机构和回收企业的选择策略，在时间 5 个单位时渐进趋近 1，而政府的选择策略变化趋势最明显，在时间 3 个单位时已经完全收敛于 1。说明政府更容易在短期内改变自己的行为选择策略，而医疗机构和回收企业则需要较长时间的调整。图 6 – 7 为三方演化博弈的三维仿真图，体现了三方交互行为演化过程，渐进趋势为点（1，1，1），三方最后达到了演化稳定状态。

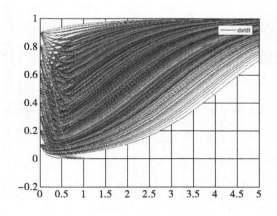

图 6 – 4　医疗机构策略选择仿真图

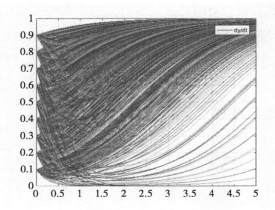

图 6 - 5　回收企业策略选择仿真图

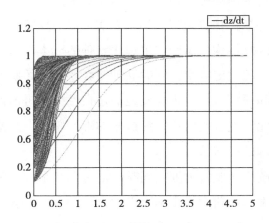

图 6 - 6　政府策略选择仿真图

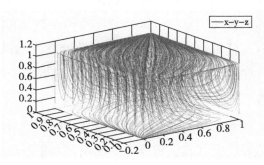

图 6 - 7　三方演化博弈仿真图

改变各参数设置，可以仿真三方行为选择策略的变化。本研究只仿真了 1 个点，其他的稳定点和不稳定点均可通过上述方法进行试验，这里不再做进一步的阐述。

6.3 结论与建议

6.3.1 政府与医疗机构演化分析的结论与建议

在信息不对称和有限理性的条件下，把演化博弈的方法运用到医疗废弃物的管理中，构建了政府监管与医疗机构产业生态化管理的演化博弈模型，通过分析复制动态方程，得出演化稳定策略，并进行 3 种情形下的 ESS 演化趋势数值仿真模拟。结果表明，政府监管力度、监管的社会收益和成本、医疗机构采用产业生态化管理的成本是影响政府和医疗机构演化博弈行为的关键因素，同时受到博弈双方初始状态和逐利性因素的影响，政府和医疗机构很难自发地通过良性循环进而达到理想的稳定均衡状态。因此，促进政府和医疗机构的理性塑造，是推动医疗废弃物产业生态化管理的必然选择。

第一，加强政府的监管力度，同时注重激励和引导。政府的监管包括监督检查的频率和惩罚度大小两个方面，这两者的联合作用会影响医疗机构的决策行为，政府应该确保监督检查的常态化、制度化，还要加强惩罚力度，确保医疗机构采用产业生态化管理。同时医疗废弃物与普通废弃物不同，如果管理不好会危害社会环境和人类公共健康，属于半公共物品，政府有责任采取一定的激励和引导措施，如税收政策优惠、公共设施的构建、正规回收渠道的构建等，提高医疗废弃物管理生态化的便利性和经济性，促进生态化管理。

第二，引入上级政府部门考核机制。地方政府是否对医疗废弃物的生态化管理进行监督，受其收益和成本的影响，如果上级机构对地方政府的环境绩效进行考核，包括事故问责、政府公信度考察等，会对它的监管行为进行约束和限制，促进加强监督管理。

第三，促进医疗机构承担社会责任。首先，作为医疗废弃物产业生态化管理的主体，医疗机构在追求经济利益的同时要兼顾到社会效益和生态效益，充分利用政府的环境管理政策，做好自身产业生态化管理，塑造良好形象。其次，公众要树立环境保护意识，加强对医疗机构环境保护的监督，促进其在环保压力下主动对医疗废弃物采取产业生态化管理。

6.3.2　三方演化分析的结论与建议

在生态化背景下，通过构建医疗废弃物产业链上的利益相关者——医疗机构、回收处理企业和政府三方演化博弈模型及复制动态方程，对解出的 8 个均衡点进行稳定性分析，最后运用 Matlb 工具对三方交互行为演化过程进行模拟仿真，探究系统的演化机理及影响系统演化至理性状态的影响因素。研究结果表明：

第一，政府在医疗废弃物产业链生态化过程中起主导作用，从 8 个稳定点中的 5 个分析发现，在政府的收益小于成本的 $E_1(0，0，0)$ 时，政府不采取对医疗机构和回收企业的激励或者惩罚等的监管，导致三方都不采取生态化行为，系统处于最不理想的状态；当政府的收益大于成本时，即在 $E_4(0，0，1)$、$E_6(1，0，1)$、$E_7(0，1，1)$ 三个稳定状态时，政府会采取监管行为，分析三个点满足的条件发现，如果政府对医疗机构的监管力度罚款小于医疗机构的额外收益时，则医疗机构不采用正规回收途径，如果政府对回收企业的奖励尺度小于其生态化的成本，则回收企业也不采取生态化处理方式。没有政府的推动，由于医疗机构和回收企业的逐利性，不会主动进行产业链生态化行为。

因此，提高地方政府的积极性，在国家可持续发展和环境保护背景下，一方面国家宏观层面的政策、法律、法规会约束地方政府采取监管行为；另一方面上级政府应该做好具体的考核工作，如把医疗废弃物的具体指标、生态化程度等列入地方政府绩效的一部分，促进地方政府监管的积极性。

第二，医疗机构和回收企业为被动进行产业链生态化行为，从系统的不稳定点 E_2（1，0，0）和 E_3（0，1，0）分析发现，医疗机构和回收企业采取积极策略的条件均不具备，由于医疗废弃物本身的经济价值非常小，收益小于成本，因此医疗机构和回收企业的逐利性决定其不会采取产业链的生态化，生态化的动力缺乏。

因此，政府在整个系统的稳定中有助推器作用，必须采取合适的奖励或惩罚措施。首先，医疗废弃物处理不当会对生态环境和人类健康造成极大威胁，且属于半公共物品，政府有责任对其监督和管理，减少其对环境的负外部性效益。其次，政府奖惩措施要把握好一个度，如果奖励和惩罚措施力度较小，则达不到助推器的作用，不会形成产业链生态化的动力机制，要适当加强惩罚和奖励力度，促使医疗机构和回收企业改变行为，主动选择正规化回收途径和生态化处理。

第三，政府对医疗机构和回收企业的监管具有滞后效应，从医疗机构、回收企业和政府的策略仿真图分析得出，政府可以迅速地改变其行为，采取监督管理，但医疗机构和回收企业的行为较为滞后，并且回收企业的滞后行为更明显，同时医疗机构和回收企业间的行为也具有交互影响关系，当医疗机构选择正规回收途径时，会促使回收企业获得规模经济的收益，从而增加收益，当回收企业的效益较好时，根据市场决定价格原理，可以反过来增加回收价格使医疗机构获得收益。

政府的监管行为应该是长期性的。政府对医疗机构和回收企业的监管滞后性决定了其行为要贯穿医疗废弃物产业链生态化治理的全过程，同时医疗机构和回收企业的行为互相影响，因此为了避免医疗机构和回收企业的短期行为，政府的行为必须是可持续的、延续性和一致性较强的监督管理行为，避免医疗机构和回收企业的反弹。只有经过一段时间，真正的生态产业链构建起来了，医疗机构和回收企业才会形成良性互动的自觉行为。

6.4　本章小结

　　本章研究医疗废弃物产业共生网络的动态稳定性问题，从两个方面展开：第一个方面为研究政府和医疗机构间的产业共生稳定性问题，第二个方面为研究医疗废弃物回收产业链中医疗机构、回收企业和政府三方演化博弈的产业共生稳定性问题。具体为：

　　针对医疗废弃物管理的产业生态化问题，构建了政府和医疗机构演化博弈模型，通过复制动态方程求出模型 5 个局部均衡点，并对均衡点稳定性进行分析，最后运用 Matlab 工具对政府和医疗机构的交互行为演化稳定趋势进行数值仿真。结果表明，政府监管力度、监管的社会收益和成本、医疗机构采用产业生态化管理的成本是影响政府和医疗机构演化博弈行为的关键因素。最后从加强政府监管力度、引入上级政府部门考核机制及促进医疗机构承担社会责任三个方面提出建议。

　　医疗废弃物回收产业链的生态化，是减少医疗废弃物危害环境和公众健康、促进我国经济可持续发展的必经之路。针对医疗废弃物不合理回收问题，构建了医疗废弃物回收产业链中医疗机构、回收企业和政府三方演化博弈模型及动态复制方程，并对均衡点的稳定性进行分析，最后运用 Matlab 工具进行仿真模拟，探究系统演化至稳定状态的影响因素及驱动力。研究结果表明：政府在医疗废弃物产业链生态化过程中起主导作用；医疗机构和回收企业被动进行生态化行为；政府对医疗机构和回收企业的监管具有滞后效应。

第7章　医疗废弃物回收产业共生网络的
实现路径与对策

7.1　基于 PDCA 循环法的产业共生网络实现路径

7.1.1　PDCA 循环的基本原理与方法应用

7.1.1.1　PDCA 循环的基本原理

美国质量管理专家爱德华·戴明（Deming W. E）博士于 1950 年在全面质量管理工作中提出了 PDCA 循环模式，PDCA 循环模式是指规划制订和组织过程管理需遵循的科学程序，它包括 4 个阶段：P（Plan）——计划、D（Do）——执行、C（Check）——检查、A（Action）——修正，被广泛应用于多领域的事务管理和质量持续改进过程中等。PDCA 循环法具有以下特点：

①连续上升性，PDCA 循环由各层次嵌套构成，各层次从低到高不断上升，在每次上升中，Action 修正环节最为关键，低层次循环的修正会在高层次循环执行，从低到高不断连续上升，逐层递进持续改进。

②周期性，PDCA 循环内部每个层次都包括 P（Plan）——计划、D（Do）——执行、C（Check）——检查、A（Action）——修正四个阶段，每次循环开始都会设定新的目标和内容，低层次循环是高层次循环的依据，高层次循环是低层次循环的改进。

7.1.1.2　PDCA 循环方法的应用

目前学者对 PDCA 循环方法应用的探讨集中于两个方面：提高患者满意度、提高医院的医疗水平。

（1）提高患者满意度

刘梅等（2012）通过对 2011 年 1—5 月住院的 100 例患者的疼痛管理情况进行调查分析，发现 PDCA 循环能够有效缓解骨创伤患者术后疼痛强度，提高护士镇痛管理水平，提高患者对护理的满意度。戴莉敏（2012）通过选择 T2DM 合并 NAFLD 的患者 208 例，发现 PDCA 循环结合 PIO 形式随访管理能够改善 T2DM 合并 NAFLD 患者的临床指标，提高其自护行为和生活质量。蒋丽等（2013）通过对 PDCA 循环理论在外周静脉留置针管理中的应用与效果进行探讨，发现运用 PDCA 循环理论，能够有效降低留置针留置期间的各种并发症的发生率，延长了留置时间，并且能够有效提高留置针的护理安全和患者满意度。周如女等（2013）以东方医院急危重内科住院治疗的患者 204 例为研究对象，通过自制调查问卷来进行调查，并根据调查结果应用 PDCA 循环管理，来探讨 PDCA 循环管理提高住院患者护理满意度的效果，发现实施 PDCA 循环管理，能够有效提高住院患者护理满意度。陈艳等（2014）通过在医院药事与药物使用管理工作中运用 PDCA 循环管理法的"过程管理"，发现 PDCA 循环管理法能够有效提高药学部门各环节管理的工作效率，促使药学管理质量循环上升，逐步提高临床医务人员和患者对药学服务的满意度。

（2）提高医院的医疗水平

从药品管理方面来研究 PDCA 循环方法。郑造乾等（2012）运用 PDCA 循环理论对用 Epidata 软件录入的不合理处方进行干预并观察效果，发现运用 PDCA 循环有利于降低不合理处方数和百分率，用于医院处方持续质量改进效果显著，有利于促进临床合理用药。陈洁等（2013）通过在消毒供应中心（CSSD）的管理中。实行 PDCA 循环管理的对照研究，发现实施 PDCA 循环管理模式后，有利于实施全面质量持续改进，从而进一步加强 CSSD 质量管理，提高无菌物品供应的质量。梁雪茵等（2014）通过对广州医科大学附属第一医院 32 个病区，分别采用常规管理及 PDCA 循环对高危药物进行管理来随机分为两组，发现在高危药品管理中应用 PDCA 循环可有效提高药品管理质量，能够减少医疗风险事故的发生。刘莉等（2015）对 5S 管理法与 PDCA 循环联合应用于病区药品管理中的效果进行探讨，按照 5S 管理法的步骤确定药品的管理情况，制定药品管理制度和流程，并将 5S 管理法的五个环节分别与 PDCA 循环联合应用，来观察实施 5S 管理法联合 PDCA 循环前后病区药品种类、基数变化及达标率的情况，发现 5S 管理法与 PDCA 循环联合应用能够有效提高病区药品管理质量，减少用药风险。张永等（2016）运用 PDCA 循环管理方法对医院药事管理进行督导检查，发现其有助于降低药物调配差错率，从而促进医院药事管理工作的持续改进。刘昊默等（2017）通过对 2012—2014 年医院药房实施 PDCA 循环法管理前后的医院药房质量管理进行对照研究，发现 PDCA 循环法管理的实施，能够有效地提高药品显效使用率、药品使用明确率，降低药品不及格报废率和复查审核错误率，从而提高医院药房用药质量，减少用药差错。

从降低手术风险方面来研究 PDCA 循环方法。许建国等（2013）通过运用 PDCA 循环理论对医院软件系统中 I 类切口手术和介入治疗抗菌药物预防使用的不合理现象进行研究，发现 PDCA 循环用于 I 类切口手术和介入治疗抗菌药物预防效果显著，可以在医院抗菌药物管理中大力推广使用。周丽华等（2013）通过对 PDCA 模式在胃肠镜检查中护理风险控制的应用效果进行探讨，发现实施 PDCA 模式控制护理风险后，实施 PDCA 循环模式能有效控制消化内镜检查中的护理风险，提高护理质量和患者医疗安全，有效地降低胃肠镜检查中护理风险。赵爱新等（2016）通过对 2012—2014 年应用 PDCA 循环法管理多重耐药菌医院感染防控中的薄弱环节的效果进行研究，发现实施 PDCA 管理模式后，多重耐药菌的检出数和抗菌药物的使用率大大减少，多重耐药菌的检出率、考核医务人员对多重耐药菌知识的知晓率和手卫生执行率也获得极大提高。

（3）从医院预防和管理方面来研究 PDCA 循环方法

王力红等（2014）通过多药耐药菌预防控制追踪案例，结合医院评审和介绍追踪方法学与 PDCA 循环管理的基本理论和方法，阐述追踪方法学和 PDCA 循环管理在医院感染管理质量控制中的应用，发现追踪方法学和 PDCA 循环管理可以为医疗机构更好地运用科学管理工具提供参考。陈永凤（2015）通过对 2014 年 8 月开始实施的 PDCA 循环法前后各一年的手术室综合积分及手术室人员满意度，以及手术室不良事件上报情况进行研究，发现 PDCA 循环法的实施能够增加手术室综合积分，提高手术室人员护理满意度，降低手术室护理不良事件发生例数，值得推广与应用。陈家琴等（2016）通过应用 PDCA 循环管理模式对 2012 年 6 月至 2013 年 6 月的医务人员手卫生进行调查分析，发现实施 PDCA 循环后，普外科医务人员对手卫生知识知晓率、手卫生合格率等均有明显提高，可有效提高医务人员手卫生依从性。刘玲等（2017）通过比较 PDCA 循环管理方案应用前后 6 个月医院感染质量，对 PDCA 循环应用于控制医院感染管理质量中的效果进行分析，发现实施 PDCA 循环管理后，医院感染率明显降低，手卫生合格率和考核成绩合格率明显提高，采血台、彩超机以及诊断仪表面菌落数明显降低且杀菌率明显升高，空气培养合格率明显高于实施前，即实施 PDCA 循环管理能够提高管理质量，降低医院感染率，提高医院消毒质量。邓媛媛等（2018）通过比较 2014 年 7—12 月（PDCA 执行前）和 2015 年 1—6 月（PDCA 执行后）临床科室 MDROs 预防控制效果，发现 PDCA 循环管理方法能改善 MDROs 预防控制效果，提高 MDROs 防控措施总执行率，降低 MDROs 总检出率。霍坚（2018）通过对某院 2015 年 5 月至 2016 年 8

月的出院病历归档管理工作采用 PDCA 循环方法调整，发现 PDCA 循环方法对病历归档管理持续改进工作效果显著，能够有效提高归档及时率，降低病例缺陷率。

7.1.2　医疗废弃物产业共生回收网络的实现路径

PDCA 循环的管理理念引入医疗废弃物产业共生网络优化，提出以 PDCA 循环为依托，以医疗废弃物的减量化、再利用和资源化目标为核心和医疗废弃物回收管理流程为主线，提出产业共生网络的优化建议，探讨基于 PDCA 循环理论的医疗废弃物回收流程优化方法，该方法使医疗废弃物回收产业共生网络的建设更加具有系统性、科学性和持续性，形成评价的正向反馈循环。

7.1.2.1　医疗废弃物产业共生网络的目标确立（P）

该环节重点在于确定医疗废弃物产业共生网络的目标，目标是各项流程开展的基础和方向，制定目标既要有长远性和前瞻性，又要结合实践能够具体执行。医疗废弃物回收产业共生的目标为医疗废弃物的减量化、再利用和资源化，在总目标下制定分目标，包括明确的执行计划，如医疗废弃物运输时效性目标以及如何达到。

7.1.2.2　医疗废弃物产业共生网络的构建实施（D）

该环节从动态角度对医疗废弃物产业共生网络进行测度，衡量产业共生网络目前状态，对制定的目标开始实施。目前产业共生网络的构建处于初级阶段，网络的完善需要政府、医疗机构和回收企业共同合作来实施目标。医疗废弃物共生网络构建的好坏，与实施环节密不可分，因此实施环节是四个阶段中的关键主体部分。

7.1.2.3　医疗废弃物产业共生网络的监督检查（C）

该环节是对医疗废弃物产业共生网络的构建效果进行考核、监督和检查，可从内部自查和外部监督两个方面进行：

内部自查主要对医疗废弃物回收网络的相关主体内部管理人员进行

检查，核查实施效果是否达到目标要求。

外部监督由环保部门、卫生部门、相关专家和媒体大众组成，对产业共生网络实施效果进行监督检查，并提出修改意见。

7.1.2.4　医疗废弃物产业共生网络的修正（A）

该环节是根据内部自查和外部监督检查的结果，结合医疗废弃物回收产业共生网络构建中存在的问题，进行修正。修正环境是 PDCA 循环从低层次向高层次上升的关键，如果没有整改监督检查中存在的问题，PDCA 循环就只在低层次环节停留，并且检查环节也失去了实际价值。修正环境是低层次循环向高层次循环过渡的桥梁，这个阶段也需要各个部门的管理者配合监督完成。

7.2　对策建议

7.2.1　政府主导作用的发挥

由于医疗废弃物的回收管理是一种具有很强外部效应的特殊公共产品，如果管理不好对周围环境造成很强的负外部效应，对人类健康和环境造成很大伤害，且治理过程具有滞后性、隐蔽性和短期效果不明显等特点。因此如果各参与治理的主体以追求经济效益为目标，整个产业共生的网络不可能形成，需要政府在考虑社会效益、生态效益和经济效益的目标下，积极发挥主导作用。

从影响产业共生网络稳定性因素的社会网络法分析得出，政府主导作用发挥和政府的示范作用对整个产业共生网络的影响较大，同时处于网络中心、诚实中间人位置和结构洞位置，这些指标都决定了政府在整个网络中拥有最多的资源和各方联系最为紧密，因此只有政府发挥主导作用，才能引导整个网络朝良性循环的方向发展。

7.2.2　操作性强的法律制度的建立

医疗废弃物管理政策缺乏精准性，随着我国经济的转型进入新常态，环境保护政策也经历了低位徘徊期、平稳发展和目前的快速发展期。中央政府的推动为医疗废弃物回收处理网络治理体系的构建提供了充分条件，但由于医疗废弃物的管理具有隐蔽性加上地方政府的短期追求利益行为，阻碍了治理效率的发挥，导致政策效力与具体的治理效果往往不能精准匹配，同时医疗废弃物的回收管理包括医疗机构、回收处理企业和回收利用企业，多主体的管理使责任分散化，各方追求利益最大化，博弈结果最后呈现出"公共地悲剧"的集体困境。

地方政府的监督和激励措施具有短期行为，由于缺乏明确的操作性强的法律保障，特别是政府激励与补偿机制措施，地方政府没有办法明确的执行，阻碍了医疗机构产业共生网络的良性互动。即使政府有监督检查的政策，但缺乏法律保障，也往往带有应急性和短期性，无法促使产业共生网络的可持续良性循环。

因此操作性强的法律制度的建立为政策执行监督检查的权力提供长效保障机制，促进产业共生网络的良性循环。

7.2.3 信息化手段的加入，提高信息透明度

医疗废弃物网络运行模式分析显示，医疗废弃物回收网络是平等型网络和虚拟网络的结合，目前回收网络存在信息共享平台构建不完善、信息的透明度不高、虚拟网络没有最终形成等问题。

因此需要信息化手段的加入，如网络、医疗废弃物数据库、医疗废弃物处理流程控制数据库等，这些数据库为医疗废弃物处理相关主体信息流、技术流、物质流、资金流等的交换提供便利，同时便于政府部门和媒体公众的监督，极大地提高了产业共生网络各种治理行为的决策效率，为推动医疗废弃物的治理提供极大的技术支持。信息化提高了信息披露的及时性、准确性，同时虚拟网络的形成会对周边环境产生强外部效应。这些都需要在政府的主导下，由医疗机构、企业共同完成，建立共享的数据库，提高信息的透明度。

7.3 展望与不足

该研究在构建医疗废弃物回收产业共生网络的基础上，分析了影响产业共生的因素，从网络共生演化和利益分配的角度静态探讨了稳定性，从网络动态演化的角度分析了医疗机构和政府产业共生链的稳定性问题，最后提出了建议。但由于客观条件限制，还存在一些不足需要深入研究。

首先，构建医疗废弃物回收产业共生网络时，在访谈调研和文献梳理的基础上形成框架，经验借鉴上稍显欠缺。

其次，在研究影响网络产业共生的因素分析时，采用了社会网络分析法，进行了调研，由于时间和成本的因素，调研的范围和数量有限，希望以后可以开展更加深入的研究。

再次，在产业共生网络静态和动态稳定性分析时，都进行了实证的算例分析和数据模拟仿真，但由于缺乏医疗废弃物可用的数据库，实证部分的数据在访谈基础上给出，希望信息化技术的加入与数据的及时披露为进一步的探讨提供依据。

最后，在方法的应用上，采用了社会网络分析法、演化博弈分析、Logistics 共生演化模型、Shapely 值法，其中 Shapely 值法已经比较成熟，希望以后可以采用更新的研究方法。

参考文献

[1]Frosch R A. Strategies for Manufacturing.［J］. Alzheimers & Dementia，1989，10(4):601 - 602.

[2]Erkman S. Industrial ecology：A historical view［J］. Journal of Cleaner Production，1997，5(1):1 - 10.

[3]Lowenthal M D, Kastenberg W E. Industrial ecology and energy systems：a first step［J］. Resources Conservation & Recycling, 1998, 24(1):51 - 63.

[4]Chertow M R. Industrial ecology：Literature and taxonomy［J］. Annual Review of Energy & the Environment, 2000, 25(1):313 - 337.

[5]Braden R. Allenby. A design for environment methodology for evaluating materials［J］. Environmental Quality Management, 1996, 5(4):69 - 84.

[6]郭守前. 产业生态化创新的理论与实践［J］. 生态经济(中文版)，2002(4):34 - 37.

[7]黄志斌，王晓华. 产业生态化的经济学分析与对策探讨［J］. 华东经济管理，2000，14(3):7 - 8.

[8]田昕加. 林业资源型城市产业生态化系统构成及问题分析［J］. 林业经济，2014(12).

[9]杨艳琳，欧阳瑾娟. 传统产业生态化转型和发展模式［J］. 宏观经济管理，2014(10):58 - 60.

[10]王海刚，衡希，王永强，等. 西部地区传统产业生态化发展研究综述［J］. 生态经济(中文版)，2016，32(5):121 - 126.

［11］刘传江，吴晗晗，胡威．中国产业生态化转型的 IOOE 模型分析——基于工业部门 2003—2012 年数据的实证［J］．中国人口资源与环境，2016，26(2):119－128.

［12］王磊，陈军，王太祥．资源型产业生态化发展水平及其演进——以新疆为例［J］．中国科技论坛，2015(5):96－101.

［13］李华旭，孔凡斌．长江经济带沿江地区产业生态化效率研究——基于沿江 9 省(区)27 个城市 2011—2014 年相关统计数据［J］．企业经济，2016(10):101－108.

［14］马勇，刘军．长江中游城市群产业生态化效率研究［J］．经济地理，2015，35(6):124－129.

［15］仇方道，沈正平，张纯敏．产业生态化导向下江苏省工业环境绩效比较［J］．经济地理，2014，34(3):162－169.

［16］付秋芳，忻莉燕，马士华．惩罚机制下供应链企业碳减排投入的演化博弈［J］．管理科学学报，2016，19(4):56－70.

［17］赵令锐，张骥骧．碳排放权交易中企业减排行为的演化博弈分析［J］．科技管理研究，2016，36(5):215－221.

［18］何为，温丹辉，孙振清．大气环境治理演化博弈分析［J］．城市发展研究，2016，23(1):1－4.

［19］曹凌燕，邵建平．新常态下城市空气污染地方治理的演化博弈研究［J］．兰州学刊，2016(12):193－200.

［20］刘佳，刘伊生，施颖．基于演化博弈的绿色建筑规模化发展激励与约束机制研究［J］．科技管理研究，2016，36(4):239－243.

［21］侯贵生，殷孟亚，杨磊．政府环境规制强度与企业环境行为的演化博弈研究［J］．统计与决策，2016(21):174－177.

［22］Abdel Gadir M. Knowledge, Attitudes, and Practices towards Medical wastes hazards among health cleaners at Bahari and Sharq Al－neel Hospitals.［J］,2009.

［23］Alam M Z,Islam M S,Islam M R. Medical Waste Management：A Case Study on Rajshahi City Corporation in Bangladesh. Journal of Environmental Science and Natural Resources,2015,6(1)：173 – 178

［24］Masum A. Patwary,William Thomas O'Hare,Mosharraf H. Sarker, Medical waste workers in Bangladesh. Safety Science,2012. 1 (50)：76 – 82

［25］Zhang Yong,Xiao Gang,Wang Guanxing,et al. Medical waste management in China：A case study of Nanjing. Waste Management. 2009,29：1376 – 1382

［26］Lingzhong Xu,Xingzhou Wang,Yufei Zhang,et al Hospital medical waste management in Shandong Province,China. Waste Management & Research,2009, 27：336 – 342

［27］Hao – Jun Zhang,Ying – Hua Zhang,Yan Wang,et al. Investigation of medical waste management in Gansu province,China. Waste Management & Research,2013,31：655 – 659

［28］Nie L, Wu H. Medical Waste Management and Control［J］. Journal of Environmental Protection, 2016, 07(1)：93 – 98.

［29］JanHarris. Medical waste management［J］. Journal of Environmental Management, 2016, 80(2)：107 – 115.

［30］Barnettitzhaki Z. Household medical waste disposal policy in Israel ［J］. Israel Journal of Health Policy Research, 2016, 5(1)：48.

［31］Ikeda Y. Current home medical care waste collection status by nurse in Japan. ［J］. Journal of the Air & Waste Management Association, 2016.

［32］Komilis D, Fouki A, Papadopoulos D. Hazardous medical waste generation rates of different categories of health – care facilities［J］. Waste management, 2012, 32(7)：1434 – 1441.

［33］Xin Y. Comparison of hospital medical waste generation rate based on diagnosis – related groups［J］. Journal of Cleaner Production, 2015, 100：

202 - 207.

[34]Shah A F, Yousuf A, Majid S, et al. Feedback Survey on Aware-ness and Management of Bio - Medical Waste among Dental Health Care Per-sonnel in Kashmir, India[J]. International Journal of Contemporary Medical Research, 2016, 3(7):2163 - 2167.

[35]Moreira A M M, Günther W M R. Assessment of medical waste management at a primary health - care center in São Paulo, Brazil[J]. Waste Management, 2013, 33(1): 162 - 167.

[36]Achuthan A, Madangopal V A. A Bio Medical Waste Identification and Classification Algorithm Using Mltrp and Rvm[J]. Iranian Journal of Public Health, 2016, 45(10):1276 - 1287.

[37]Awodele O, Adewoye A A, Oparah A C. Assessment of medical waste management in seven hospitals in Lagos, Nigeria[J]. BMC Public Health, 2016, 16(1):1 - 11.

[38]Baaki T K, Baharum M R, Ali A S. An assessment of medical waste management practices in selected healthcare facilities in Benue State, Nigeria: A case study[J]. Waste Management, 2016, 49:II - IV.

[39]Karpušenkaitė A, Ruzgas T, Denafas G. Forecasting medical waste generation using short and extra short datasets: Case study of Lithuania. [J]. Waste Management & Research, 2016, 34(4):378.

[40]石月欣,张越巍,程石,等. 医疗废物管理工作的持续改进[J].中华医院感染学杂志,2014(21):5434 - 5435.

[41]陈凤先,夏训峰. 浅析"产业共生"[J]. 工业技术经济,2007,26(1):54 - 56.

[42]刘福生. 矿区生态产业共生与区域经济耦合机理研究[J]. 内蒙古煤炭经济,2007(6):54 - 56.

[43]李天舒. 大连开发区发展循环经济型产业园区典型案例分

析[J].环境保护与循环经济,2008,28(11):23-26.

[44]袁飚,陈雪梅.论产业生态的动力机制[J].长白学刊,2009(5):99-102.

[45]孙静春,常琳,李艳光.基于词频分析的国内产业共生问题现状研究[J].情报杂志,2011,30(5):42-47.

[46]杨萍,王婷婷.资源型城镇基于产业共生开展循环经济的问题研究——以昆明东川区为例[J].经济问题探索,2011(4):126-130.

[47]周碧华,刘涛雄,张赫.我国区域产业共生演化研究[J].当代经济研究,2011(3):68-72.

[48]王珍珍,鲍星华.产业共生理论发展现状及应用研究[J].华东经济管理,2012,26(10):131-136.

[49]石磊,刘果果,郭思平.中国产业共生发展模式的国际比较及对策[J].生理报,2012,32(12):3950-3957.

[50]李舟.基于共生理论的广西桑蚕产业循环经济路径选择[J].丝绸,2012,49(6):69-72.

[51]吴泗.基于产业生态理论的科技服务业发展分析[J].科技管理研究,2012,32(12):105-109.

[52]王剑.工业园区生态化的产业共生体系研究——以天津空港经济区为例[J].再生资源与循环经济,2012,5(10):6-9.

[53]苏婷,陈新伟.对欧盟滨海产业共生项目的几点思考[J].天津经济,2012(4):26-29.

[54]刘国山,徐士琴,孙懿文,等.生态产业共生网络均衡模型[J].工程科学学报,2013,35(9):1221-1229.

[55]张敬峰,周守华.产业共生、金融生态与供应链金融[J].金融论坛,2013(8):69-74.

[56]李锋,沈文星.基于循环经济的黄山市化工园区生态产业链共生模式选择[J].南京林业大学学报(自然科学版),2013,37(3):140-144.

[57]刘志侃,刘果果,朱坦．中介体——产业共生发展的推动者[J]．生态经济(中文版),2013(1):98-101.

[58]史巧玉．产业生态化研究进展及其引申[J]．经济问题,2013(10):9-14.

[59]陈有真,段龙龙．产业生态与产业共生——产业可持续发展的新路径[J]．理论视野,2014(2):78-80.

[60]柯宇晨,曾镜霏,陈玉娇．共生理论发展研究与方法论评述[J]．市场论坛,2014(5):14-16.

[61]谭林,魏玮,郝威亚．基于共生视角的循环经济园区产业发展模式探析——以新疆 X 循环经济工业园区为例[J]．新疆大学学报(哲学·人文社会科学汉文版),2014,42(3):14-19.

[62]许新宇,王菲凤．环境生态视角下的产业共生理论与实践研究进展[J]．环境科学与管理,2015,40(12).

[63]李根．产业共生视角下制造业与物流业协同发展研究[J]．商业时代,2016(22):184-187.

[64]产慧君,朱其忠．农工产业共生生态补偿的交易特征与模式研究[J]．中国市场,2016(47):157-159.

[65]闫二旺,田越．中国特色生态工业园区的循环经济发展路径[J]．经济研究参考,2016(39):77-83.

[66]赖力．园区循环化改造的进展综述、问题解析与提升路径初探[J]．能源与环境,2016(1):59-61.

[67]赵秋叶,施晓清,石磊．国内外产业共生网络研究比较述评[J]．生态学报,2016,36(22):7288-7301.

[68]王如忠,郭澄澄．基于共生理论的我国产业协同发展研究——以上海二、三产业协同发展为例[J]．产业经济评论,2017(5):44-54.

[69]孙畅．产业共生视角下产业结构升级的空间效应分析[J]．宏观经济研究,2017(7):114-127.

［70］李南，梁洋洋．临港产业共生的国际经验及启示［J］．经济研究参考，2017（25）．

［71］王鹏，王艳艳．产业共生网络的结构特征演化图谱及稳定性分析——以上海市莘庄生态产业园为例［J］．上海经济研究，2016（1）:22－33.

［72］Lifset R. A metaphor, a field, and a journal［J］. Journal of Industrial ecology, 1997, 1（1）:1－3.

［73］CHAN R. Determinanats of Chinese consumers'green purchase behavior［J］. Psychology and Marketing, 2001, 18（4）:389－413.

［74］胡晓鹏．产业共生：理论界定及其内在机理［J］．中国工业经济，2008（9）:118－128.

［75］LombardiD R, Laybourn R. Redefiningindustrial symbiosis［J］. Journal of Industrial Ecology, 2012, 16（1）:28－37.

［76］石磊，刘果果，郭思平. 中国产业共生发展模式的国际比较及对策［J］．生态学报, 2012, 32（12）:3950－3957.

［77］Geng Y, Tsuyoshi F, Chen X. Evaluation of innovative municipal solid waste management through urban symbiosis: a case study of Kawasaki ☆［J］. Journal of Cleaner Production, 2010, 18（10－11）:993－1000.

［78］张其春，郗永勤．城市废弃物资源化共生网络:概念、特征及体系解析［J］．生态学报, 2017, 37（11）:3607－3618.

［79］袁纯清.共生理论——兼论小型经济［M］．北京：经济科学出版社,1998.

［80］孙源．共生视角下产业创新生态系统研究［J］．河南师范大学学报（哲学社会科学版）, 2017（1）:127－134.

［81］穆东，徐德生．基于多重共生视角的矿产资源型区域协同发展模式——以内蒙古为例［J］．社会科学家, 2016（4）:93－96.

［82］王兆华．生态工业园工业共生网络研究［D］．大连理工大学,2002.

［83］戚湧，刘军．创新网络对装备制造企业创新绩效的影响［J］．中国科技论坛，2017（8）：69－78.

［84］唐红李，刘嘉意．"一带一路"贸易空间关联与我国关税政策优化——基于网络、空间和制度的实证分析［J］．财经理论与实践，2018，（1）：89－96.

［85］母睿，麦地娜·哈尔山．基于社会网络分析方法的公共交通与土地利用协调规划研究［J］．软科学，2018，32（03）：139－144.

［86］葛宝山，崔月慧．基于社会网络视角的新创企业知识共享模型构建［J］．情报科学，2018，V36（2）：153－158.

［87］沈志锋，焦媛媛，李智慧，等．企业项目选择及组合、社会网络变化与战略调整——基于城市基础设施行业的纵向案例分析［J］．管理评论，2018（2）.

［88］戴维·诺克，杨松．社会网络分析［M］．上海：格致出版社，2012.

［89］刘军．社会网络分析导论［M］．北京：社会科学文献出版社，2004.

［90］徐宝达，赵树宽，张健．基于社会网络分析的微信公众号信息传播研究［J］．情报杂志，2017，36（1）：120－126.

［91］沈丽珍，汪侠，甄峰．社会网络分析视角下城市流动空间网络的特征［J］．城市问题，2017（3）：28－34.

［92］张德钢，陆远权．中国碳排放的空间关联及其解释——基于社会网络分析法［J］．软科学，2017，31（4）：15－18.

［93］孙涛，温雪梅．府际关系视角下的区域环境治理——基于京津冀地区大气治理政策文本的量化分析［J］．城市发展研究，2017（12）：45－53.

［94］蔡高明，李志斌，王东宇，等．中原城市群产业投资网络结构特征分析［J］．城市发展研究，2017（12）：16－21.

［95］杨桂元，吴齐，涂洋．中国省际碳排放的空间关联及其影响因素

研究——基于社会网络分析方法[J].商业经济与管理,2016(4):56-68.

[96]孙亚男,刘华军,刘传明,等.中国省际碳排放的空间关联性及其效应研究——基于 SNA 的经验考察[J].上海经济研究,2016(2):82-92.

[97]王晰巍,邢云菲,赵丹,等.基于社会网络分析的移动环境下网络舆情信息传播研究——以新浪微博"雾霾"话题为例[J].图书情报工作,2015,59(7):14-22.

[98]韩洁,王量量.社会网络视角下城市更新过程中的遗产保护——以西安回坊为例[J].城市发展研究,2018(2).

[99]刘小平,田晓颖.媒体微博的社会网络结构及其影响力分析[J].情报科学,2018,V36(1):96-101.

[100]陈晓威,孙建军,汤志伟,等.链接分析视角下我国红色旅游网站的网络结构及影响力研究[J].情报科学,2018,V36(1):152-157.

[101]彭本红,谷晓芬,周倩倩.江苏省制造业与生产性服务业关联分析——基于投入产出与社会网络分析相结合的视角[J].科技进步与对策,2014(21):32-39.

[102]胡鸣明,米尧,向鹏程.基于修正 Shapley 值法的生态工业园供应链企业利益分配研究[J].工业技术经济,2018(3).

[103]卢晓莉.基于共生理论的农业产业链稳定性研究[D].中南大学,2011.

[104]黄定轩,牟春梅.中国绿色建筑与传统建筑共生特征实证分析[J].生态经济(中文版),2017,33(9):67-72.

[105]马旭军,宗刚.基于 Logistic 模型的员工和企业共生行为稳定性研究[J].经济问题,2016(1):96-99.

[106]李习平,武淑琴.基于 logistic 模型的民营医院与公立医院共生模式研究[J].统计与决策,2016(22):66-69.

[107]张群祥,朱程昊,严响.农户和龙头企业共生模式演化机制研

究——基于生态位理论[J]. 科技管理研究, 2017, 37(8):201-209.

[108]孙丽文, 李跃. 京津冀区域创新生态系统生态位适宜度评价[J]. 科技进步与对策, 2017, 34(4):47-53.

[109]刘满凤, 危文朝. 基于扩展 logistic 模型的产业集群生态共生稳定性分析[J]. 科技管理研究, 2015(8):121-125.

[110]孙冰. 同一企业内软件产品间共生模式的模型建构与实证研究——基于质参量兼容的扩展 Logistic 模型[J]. 管理评论, 2017, 29(5):153-164.

[111]叶斌, 陈丽玉. 区域创新网络的共生演化仿真研究[J]. 中国软科学, 2015(4):86-94.

[112]赵坤, 郭东强, 刘闲月. 众创式创新网络的共生演化机理研究[J]. 中国软科学, 2017(8):74-81.

[113]胡丽, 张卫国, 叶晓甦. 基于 SHAPELY 修正的 PPP 项目利益分配模型研究[J]. 管理工程学报, 2011, 25(2):149-154.

[114]李莹, 吕光明. 机会不平等在多大程度上引致了我国城镇收入不平等[J]. 统计研究, 2016, 33(8):63-72.

[115]殷辉. 基于演化博弈理论的产学研合作形成机制的研究[D]. 浙江大学, 2014.

[116]P. D. Taylor and L. B. Jonker. Evolutionary stable strategies and game dy-namics. Mathematical Biosciences, 1978, 40 (1-2): 145-156, 1978.

[117]黄凯南. 现代演化经济学理论研究新进展[J]. 理论学刊, 2012(3):48-52.

[118]李煜华, 武晓锋, 胡瑶瑛. 基于演化博弈的战略性新兴产业集群协同创新策略研究[J]. 科技进步与对策, 2013, 30(2):70-73.

[119]张国权, 彭竞, 李春好. 基于演化博弈理论的"农超对接"模式研究[J]. 财经问题研究, 2013(8):113-118.

[120]潘峰，西宝，王琳．地方政府间环境规制策略的演化博弈分析[J]．中国人口·资源与环境，2014，24(6)：97－102.

[121]黄树青，孙璐璐．存款利率市场化进程中商业银行定价策略的动态选择[J]．上海金融，2014(5)：34－39.

[122]单英华，李忠富．基于演化博弈的住宅建筑企业技术合作创新机理[J]．系统管理学报，2015，24(5)：673－681.

[123]黄永春，祝吕静，沈春苗．新兴大国扶持企业实现赶超的政策工具运用——基于战略性新兴产业的动态演化博弈视角[J]．南京社会科学，2015(6)：23－30.

[124]康健，胡祖光．战略性新兴产业与生产性服务业协同创新研究：演化博弈推演及协同度测度[J]．科技管理研究，2015(4)：154－161.

[125]胡振华，刘景月，钟美瑞，等．基于演化博弈的跨界流域生态补偿利益均衡分析——以漓江流域为例[J]．经济地理，2016，36(6)：42－49.

[126]胡媛，毛宁．基于演化博弈论的企业科技信息资源配置研究[J]．情报杂志，2016，35(11)：172－178.

[127]岳意定，何大庆．基于演化博弈的开放式创新激励与监督机制研究[J]．云南社会科学，2016(2)：75－79.

[128]刘佳，刘伊生，施颖．基于演化博弈的绿色建筑规模化发展激励与约束机制研究[J]．科技管理研究，2016，36(4)：239－243.

[129]陈卉馨，刘伟章．基于演化博弈的城市数据中心建设主体分析[J]．科技通报，2016，32(3)：149－152.

[130]李程，白唯，王野，等．绿色信贷政策如何被商业银行有效执行？——基于演化博弈论和 DID 模型的研究[J]．南方金融，2016(1)：47－54.

[131]王欢明，陈洋愉，李鹏，等．基于演化博弈理论的雾霾治理中政府环境规制策略研究[J]．环境科学研究，2017，30(4)：621－627.

[132]周柳．基于演化博弈的农产品供应链信息共享行为研究[J].

湖北农业科学,2017,56(9):1751-1754.

[133]张健,张威,吴均.战略性新兴产业共性技术协同创新的演化博弈——三重螺旋视阈下的研究[J].企业经济,2017(1):41-48.

[134]刘伟,夏立秋,王一雷.动态惩罚机制下互联网金融平台行为及监管策略的演化博弈分析[J].系统工程理论与实践,2017,37(5):1113-1122.

[135]石喜爱,李廉水,刘军.两化融合的演化博弈分析[J].情报科学,2017(9):36-43.

[136]赵泽斌,满庆鹏.基于前景理论的重大基础设施工程风险管理行为演化博弈分析[J].系统管理学报,2018(1):109-117.

[137]王小杨,张雷,杜晓荣.基于产业技术创新联盟的产学研合作演化博弈分析[J].经济研究导刊,2018(1):28-32.

[138]褚钰.突发水灾害事件应急管理合作中的演化博弈分析[J].工业安全与环保,2018,44(04):54-56.

[139]张静,刘玉明.铁路"走出去"银企合作关系的演化博弈分析[J].铁道运输与经济,2018,40(03):14-18.

[140]杨志,祁凯.基于"情景—应对"的突发网络舆论事件演化博弈分析[J].情报科学,2018,V36(2):30-36.

[141]谢晶晶,窦祥胜.低碳经济博弈中的收益分配问题:Shapely值方法的一个应用[J].软科学,2012,26(12):69-73.

[142]谢晶晶,窦祥胜.我国碳市场博弈中的利益分配问题——基于ANP和改进多权重Shapley值方法的研究[J].系统工程,2014(9):68-73.

[143]席江月.全程物流服务下的铁路物流企业经营模式研究[D].北京交通大学,2015.

[144]张其春,郗永勤.城市废弃物资源化共生网络脆弱性影响机制——基于SCP与CAS融合的分析视角[J].北京理工大学学报(社会科学版),2017,19(2):9-19.

［145］左志平,刘春玲.集群供应链绿色合作行为演化博弈分析［J］.科技管理研究,2015,334(12):220-223.

［146］潘峰,西宝,王琳.基于演化博弈的地方政府环境规制策略分析［J］.系统工程理论与实践,2015,35(6):1393-1404.

［147］杨国忠,刘希.政产学合作绿色技术创新的演化博弈分析［J］.工业技术经济,2017(1):132-140.

［148］彭本红,谷晓芬,武柏宇.电子废弃物回收产业链多主体协同演化的仿真分析［J］.北京理工大学学报(社会科学版),2016,18(2):53-63.

［149］徐红,王辉,刘栩君.快递废弃物回收产业链演化仿真研究［J］.中国人口资源与环境,2017(1):111-119.

［150］Barnettitzhaki Z, Berman T, Grotto I, et al. Household medical waste disposal policy in Israel［J］. Israel Journal of Health Policy Research, 2016, 5(1):48.

［151］Rooij R D, Frederix G W, Hövels A M, et al. Relevance And Economic Consequences Of Medicine Waste In Vienna: Analysis Of A Household Garbage Sample［J］. Value in Health, 2016, 19(7):A456-A456.

［152］Zazouli M A, Alavinia S M, Bay A. Medical waste generation in gorgan hospitals, 2014［J］. Economic Record, 2016, 31(31):242-260.

［153］Tabash M I, Hussein R A, Mahmoud A H, et al. Impact of an intervention programme on knowledge, attitude and practice of healthcare staff regarding pharmaceutical waste management, Gaza, Palestine［J］. Public Health, 2016, 138:127-137.

［154］Moreira A M, Günther W M. Solid waste management in primary healthcare centers: application of afacilitation tool［J］. Revista Latino-Americana de Enfermagem, 2016, 24:2768.

［155］Friendman D. Evolutionary Games in Economic ［J］. Econometriacl,1991,(59):637 - 666.

[156]于涛,刘长玉. 政府与第三方在产品质量监管中的演化博弈分析及仿真研究[J]. 中国管理科学, 2016, 24(6):90 - 96.

[157]王循庆,李勇建,孙晓羽. 基于演化博弈的危化品安全监管情景推演研究[J]. 中国安全生产科学技术, 2017, 13(1):115 - 121.

[158]孙夙鹏,孙晓阳. 低碳经济下环境 NGO 参与企业碳减排的演化博弈分析[J]. 运筹与管理, 2016, 25(2):113 - 119.

[159]申亮,王玉燕. 公共服务外包中的协作机制研究:一个演化博弈分析[J]. 管理评论, 2017, 29(3):219 - 230.

[160]陈敏,杨洪彩. 医疗废物消毒处理技术现状[J]. 中国消毒学杂志, 2016, 33(2):171 - 174.

[161]王天娇,陈彤,詹明秀,等. 废弃物焚烧飞灰中持久性自由基与二噁英及金属的关联探究[J]. 环境科学, 2016, 37(3):1163 - 1170.

[162]聂丽. 农村医疗废弃物减量化行为的系统动力学分析[J]. 中国卫生事业管理, 2016, 33(6):473 - 477.

[163]Dzekashu L G, Akoachere J F, Mbacham W F. Medical waste management and disposal practices of health facilities in Kumbo East and Kumbo West health districts[J]. Medicine and Medical Science,2017, 9(1): 1 - 11.

[164]Ikeda Y. Current Status of Home Medical Care Waste Collection by Nurses in Japan[J]. Journal of the Air & Waste Management Association, 2017,67(2). 139 - 143.

[165]Komilis D, Makroleivaditis N, Nikolakopoulou E. Generation and composition of medical wastes from private medical microbiology laboratories [J]. WasteManagement, 2017,61(3):539 - 546.

[166]Fitria N, Damanhuri E. A Review Study of Infectious Waste Generation and the Influencing Factors in Medical Waste Management[J]. Ad-

vanced Science Letters，2017，23（3）：2236－2238.

［167］曾德宏．多群体演化博弈均衡的渐近稳定性分析及其应用［D］．暨南大学，2012.

［168］郑造乾，黄萍，袁雍，等．PDCA 循环在医院处方持续质量改进中的应用［J］．中国现代应用药学，2012，29（1）：79－84.

［169］刘梅，刘林，许勤，等．持续质量改进在骨创伤患者疼痛管理中的应用［J］．中华护理杂志，2012，47（10）：872－875.

［170］戴莉敏，贡浩凌，方英，等．PDCA 循环结合全程健康教育对糖尿病合并非酒精脂肪肝患者随访的效果观察［J］．中华护理杂志，2012，47（10）：882－885.

［171］许建国，朱华，束余声，等．PDCA 循环在抗菌药物合理使用中的应用——以 I 类切口手术和介入治疗为例［J］．中国医院管理，2012，32（12）：57－59.

［172］周如女，罗玲，周嫣，等．应用 PDCA 循环管理提高护理满意度的效果［J］．解放军护理杂志，2013，30（11）：48－51.

［173］蒋丽，吴小玲，叶艳萍，等．PDCA 循环理论在外周静脉留置针输液管理中的应用［J］．护理管理杂志，2013，13（1）：38－39.

［174］周丽华，蒋蓉，邓琼，等．PDCA 循环模式在消化内镜护理风险控制中的应用［J］．实用医院临床杂志，2013，11（6）：105－106.

［175］陈洁，李淑君，李燕妮，等．PDCA 循环在消毒供应中心质量持续改进中的应用［J］．中华医院感染学杂志，2013，23（16）：4030－4031.

［176］陈艳，宗强，陈爱民，等．PDCA 循环管理法在医院药事与药物使用管理工作中的应用［J］．安徽医药，2014，18（2）：365－368.

［177］梁雪茵，魏理，罗红英．应用 PDCA 循环实现我院高危药品安全管理可行性分析［J］．中国医药导报，2014，11（13）：141－143.

［178］王力红，赵霞，张京利，等．追踪方法学与 PDCA 循环管理在医院感染管理质量控制中的应用［J］．中华医院感染学杂志，2014，24

(6):1539 – 1541.

[179]陈永凤. PDCA 循环在手术室护理安全管理中的应用效果[J]. 解放军护理杂志, 2015, 32(23):70 – 72.

[180]刘莉, 高杰. 5S 管理法联合 PDCA 循环在病区药品管理中的应用[J]. 中华现代护理杂志, 2015, 21(2):213 – 215.

[181]张永, 卢智, 郭丹. PDCA 循环管理方法应用于我院三级综合医院复审过程中药事管理的体会[J]. 中国药房, 2016, 27(10):1305 – 1307.

[182]赵爱新, 黄再娣, 陈丽. PDCA 循环法规范基层医院多重耐药菌防控管理的效果分析[J]. 护士进修杂志, 2016, 31(3):236 – 238.

[183]陈家琴, 戴瑞如, 赵晓燕, 等. 应用 PDCA 循环持续改进医务人员手卫生依从性[J]. 中华医院感染学杂志, 2016, 26(1):221 – 223.

[184]刘玲, 李春梅, 杨晓丽, 等. PDCA 循环在提高医院感染管理质量中的效果分析[J]. 中华医院感染学杂志, 2017, 27(3):685 – 687.

[185]刘昊默, 张丹. PDCA 循环法在医院药房质量管理中的应用效果[J]. 解放军预防医学杂志, 2017, 35(2):181 – 182.

[186]邓媛媛, 万琼, 重一帆, 等. PDCA 循环管理方法在多重耐药菌预防控制中的应用[J]. 中国感染控制杂志, 2018, 17(2):165 – 168.

[187]霍坚. PDCA 循环方法在病历归档管理持续改进工作中的应用分析[J]. 世界最新医学信息文摘, 2018(5):232 – 232.

附　录

附录 1　医疗废弃物网络关系访谈记录表

各位专家好,辛苦您完成调研。调查表的第一列为影响因素,第一行为被影响因素,需要您在"□"中判断第一列的因素是否对第一行的因素产生直接影响。如果您认为两个因素之间存在直接影响关系,则在相应的"□"中打"√",否则不需要打"√"。

表 1　医疗废弃物网络关系调查表(部分表格)

		被影响因素			
		企业执行 国家标准	与革新企业 建立联盟	处理流程 规范化	企业坚持 循环发展
影响 因素	政府健全的法律	□	□	□	□
	政府监督、检查	□	□	□	□
	主导作用发挥	□	□	□	□
	开展示范、推广教育工程	□	□	□	□
	财政补贴、政策优惠等	□	□	□	□
	市场规范化程度	□	□	□	□

附录 2　影响因素关系调查问卷

为加强医疗废弃物的管理,促进保护环境。本调查研究医疗废弃物回收网络各影响因素之间的相互关系,并识别出关键影响因素。笔者承诺此次调查收集到的数据仅用于学术研究,绝对不用于任何商业目的。感谢您的支持和配合!

1. 您的工作单位：

□政府工作人员 □医疗机构人员 □回收处理企业人员 □回收利用企业人员 □社会公众和媒体

2. 打分采用 4 级量表，0 表示不存在影响关系，1 表示弱关联，2 表示中等关联，3 表示强关联。请在以下表格中的"□"对不同因素之间的影响程度进行打分，填上相应的数字，"—"的位置不需要打分。

表 2　政府各因素影响程度调查表（部分表格）

		被影响因素			
		政府健全的法律	政府监督、检查	主导作用发挥	开展示范、推广教育工程
影响因素	政府健全的法律	—	□	□	□
	政府监督、检查	□	—	□	□
	主导作用发挥	□	□	—	□
	开展示范、推广教育工程	—	□	□	—
	财政补贴、政策优惠等	□	□	□	□
	市场规范化程度	—	□	□	□

表 3　政府与回收利用企业各因素影响程度调查表（部分表格）

影响因素 ＼ 被影响因素	企业执行国家标准	与革新企业建立联盟	处理流程规范化	企业坚持循环发展
政府健全的法律	□	□	□	□
政府监督、检查	□	□	□	□
主导作用发挥	□	□	□	□
开展示范、推广教育工程	□	□	□	□
财政补贴、政策优惠等	□	□	□	□
市场规范化程度	□	□	□	□

后　记

时间转瞬即逝，确切地算一算，本书从开始写作到现在也断断续续一年多的时间了。这期间有挺着肚子的怀孕期，有嗷嗷待哺的宝贝喂养期，还好此前经过了博士论文写作的历练，加上全身心的投入终于完成。

首先感谢博士后合作导师李孟刚老师愿意给我读博士后的机会，这才有了之后的一切。本研究是在李老师的悉心指导下完成的。李老师严谨的治学态度和科学的工作方法给了我极大的帮助和影响，在此衷心感谢两年来李老师对我的关心和指导。

然后感谢博士导师乔忠老师对我的教导。至今仍能想起乔老师的一言一行，乔老师认真的治学态度深深地影响了我，让我渐入科研佳境，拓展了人生的宽度。还要感谢管理学院的领导，他们为我提供了宽松的创作环境，使书稿得以顺利完成。

最后感谢我的丈夫和母亲。丈夫不知疲倦地承担了几乎所有的家务，从来没有半句怨言，常常深夜 11 点还在洗洗涮涮；母亲在生病的情况下，依然帮我照看孩子。有了这些强大的支持，我才能安心、静心地创作。特别感谢杨阳同学对书稿格式的修改，同时感谢同学任杰、朱伟等及学生王锦程，他们在书稿写作过程中，给了我许多支持。

以后的路还有很长，愿一切的辛苦都值得，愿越努力越幸运！

聂　丽

2018 年 10 月